人文中国书系

中国民居

单德启等 著

五洲传播出版社

图书在版编目（CIP）数据

中国民居／单德启等著 . —2 版 . —北京：五洲传播出版社，
2010.1（2020.6重印）
ISBN 978-7-5085-1698-1
Ⅰ. ①中... Ⅱ. ①单... Ⅲ. ①民居－建筑艺术－中国 Ⅳ. ① TU241.5

中国版本图书馆 CIP 数据核字（2009）第 191522 号

中国民居

著　　者	单德启等
责任编辑	邓锦辉
装帧设计	杨婧飞
设计制作	北京翰墨坊广告有限公司
出版发行	五洲传播出版社（北京市海淀区北小马厂6号　邮编:100038）
电　　话	010-82005927，010-82007837（发行部）
网　　址	www.cicc.org.cn
承 印 者	北京圣彩虹科技有限公司
版　　次	2020年6月第2版第3次印刷
开　　本	720×965 毫米 1/16
印　　张	10
字　　数	100 千字
定　　价	44.00 元

目　录

前言：中国民居概述　I

庭院深深深几许——北京合院探幽　19
　　庭院深深..........21
　　小扣门扉..........25
　　垂花怡情..........28
　　别样天地..........30

青山绿水话徽居——皖南村居漫话　33
　　山与水的徽州——水乡宏村..........34
　　黑与白的徽州——桃源西递..........37
　　虚与实的徽州——天井和马头墙..........38
　　书与礼的徽州——书院和牌坊..........41
　　技与艺的徽州——"三雕"和园林..........43
　　商与儒的徽州——相辅相成的商业和文化..........46

小桥·流水·人家——绍兴水乡拾趣　49
　　台门三千出越都..........51
　　小桥流水伴台门..........56
　　绍兴滨水万年台..........59
　　寻古探幽话故居..........62

崇文尚武·外适内和——闽西土楼揽胜 65
客属祖地...........67
土楼掠影...........70
追本溯源...........77
情理共生...........79

中西合璧·多元混杂——五邑侨乡猎新 83
碉楼矗立·侨史见证...........85
骑楼蜿蜒·鳞次栉比...........89
侨乡祠堂·风采依旧...........93

干栏木楼和风雨桥——桂北山寨采风 99
木楼寨巡礼...........101
程阳桥对歌...........104
鼓楼和芦笙柱...........107
干栏木楼...........109
火塘——木楼里的神圣场所...........112

玉水润泽·物载秋华——丽江街巷问古 115
千年沧桑铸古城...........116
百转泉水伴街市...........119
三坊照壁溯民居...........124

壮美与优美的居所——雪域碉房抒怀 129
源远流长的历史...........132
多姿多彩的民居形态...........135
与神明共栖的场所...........142
与天地相生的家园...........146
壮美与优美的生存图景...........150

附录：中国历史年代简表 153

前言：中国民居概述

公元2000年，在联合国教科文组织第24届世界遗产委员会议上，中国安徽省境内的古村落西递和宏村被正式列入《世界文化遗产名录》。是年初春，受命世界遗产委员会的日本专家大河直躬博士作实地考察后评价说："像宏村这样的乡村景观可以说是举世无双……西递村还保存了景致如画的古街巷，这在世界上也不多见。"此前的1997年，云南丽江古城和山西平遥古城分别被列为世界文化遗产；著名的江南水乡江苏周庄也正在申报之中。中国传统民居正不断地向世界撩开面纱，逐渐成为中国走向世界、世界了解中国的大舞台。

中国疆域辽阔、地形复杂、气候多样，加之民族众多、文化各异，因而传统民居聚落和民居建筑也形态繁多、异彩纷呈。本书以生活在传统民居中的人的生活习俗、行为特征与空间模

"桃花源里人家"西递(本书图片，除特别注明外，均由作者提供)

四合院影壁（李玉祥摄影）

式的互动来选择较有代表性、覆盖面较广的若干聚落实例予以介绍。

中国民居大体上分为院落式民居、楼居式民居和穴居式民居几种。

一

在所有民居模式中，院落式民居是中国最普遍的一类民居，也

云南哀牢山区的土掌房

是民居形态中材料使用和结构技术最先进、构成因素最丰富、"礼"的层次最复杂和装修装饰最多样的一种类型。从某种意义上讲,它是农耕社会里最先进的一种民居模式,也是封建社会形态物化自然环境较理想的一种模式。院落式民居最主要的特征是封闭而有院落,中轴对称而主次、内外分明,主要分布在华北、中原、山东半岛和华南的平原和沿海地区,少数分布在西南的盆地平原地区以及台湾岛的平原地区。汉民族聚集的地区以及与汉文化交流密切的少数民族地区(如白、纳西等族)、少数民族中比较发达的部分地区(如壮、彝

北京四合院(清华大学建筑学院资料室供图)

四合院彩画和雕饰(清华大学建筑学院资料室供图)

四合院大门（清华大学建筑学院资料室供图）

等族）、与汉民族混杂而居的少数民族地区（如满、回等族），都普遍采用了院落式民居。

北京四合院是院落式中国民居的典型代表。在向国际化大都市迈进的过程中，北京也同时立法保护古城范围内25片胡同和四合院，从恭王府府邸到普通百姓家，几乎保留了院落式民居中四合院最完整、最齐全的形态。仅以大门为例，"奶子房"、"金柱门"、"广亮门"、"如意门"、"蛮子门"等，就构成了四合院大门的博物馆。晋商在明清之际营建私家民宅为全国之翘楚。号称"三晋第一宅"的灵石县王家大院，拥有百多个大小院落。

四合院在北方平原地区极为广泛，尽管在规模、构成、装修装

前言：中国民居概述

【建筑小品】
　　围绕主体性建筑而修建的小型构筑物，一般作为美化环境、烘托气氛、隔断空间、装饰陪衬主体建筑和供人们休息与观赏之用。像亭、桥、廊、榭、花墙、栏杆、影壁、牌楼、石狮，以至桌椅等，都属于建筑小品。

【一颗印】
　　平面呈方形，由正房、厢房和倒座组成，瓦顶土墙，因其平面布置紧凑，方方如印，故称为"一颗印"。

饰、院落小品等方面有许多变化，但其四合院的基本形态特征是共同的，例如著名的山东曲阜孔府、潍坊郑板桥（1693—1765，清代画家）故居、山西平遥古城里众多钱庄的宅院等等。而广大农村村镇住宅虽不及典型的四合院那么完整，有的只有三合院、二合院（由三栋或两栋房子加围墙组成的院落），如辽宁、吉林一带的满族向阳农宅，山西、陕西一带的"土围子"，但都一无例外地保有大门、围墙、院落、正厢房，应该说都是一种合院，是院落式民居的简易形式。院落式民居还有很多变异形态，例如由穴居生土建筑发展成的云南昆明"一颗印"民居，由干栏木楼融合院落演变而成的安徽徽州天井式民居；又如在特定的历史和地理条件下主要立足于对外防御的福建永定客家土楼民居，台湾台北一带由闽粤移民兴建的"大厝"——红砖墙、坡屋顶、弧形防火墙构成的院落民居等等。

山西王家大院

中国民居

院落式民居的形态最早出现在秦汉（前221—220）之际，东汉（25—220）画像砖给我们留下了较完整的形象。"秦砖汉瓦"的技术支撑、封建农耕家庭模式的完善以及礼制的普及，为这类住屋文化的普及创造了条件。这种民居模式在漫长的农耕社会中显示了极强的生命力。国学大师王国维（1877—1927）曾精辟地概括了四合院的特色："其既为宫室也，必使一家之人所居之室相近，而后情足以相亲焉，功足以相助焉；然欲诸室相接，非四阿之屋不可。四阿者，四栋也。""东西南北而凑于中庭，此置室之最近之法，最利于用，亦足以为观美。"（王国维：《明堂庙寝考》）文学家林语堂（1895—1976）则从社会心理层面表述了中国人喜爱院落式民居的原因，他指出：院落式民居正像中国建筑的屋顶一样，被覆地面，而不像哥特式

【天井】
　　中国传统建筑中，空间比较狭小而高的庭院通常称为天井，多见于南方湿热地区，有利于建筑通风。

徽州民居天井

闽西土楼民居（清华大学建筑学院资料室供图）

建筑塔尖那样耸峙云端。这种精神的最大成功之处在于为人们尘世生活的和谐幸福提供了一个衡量标准：中国式的屋顶表明，幸福首先应该在家里找到。

二

穴居式民居和楼居式民居在自然生态方面有着极其鲜明的地域性特征，是保存原始建筑特征最多的民居建筑模式。中国的西南山地亚热带地区和西北黄土高原干旱区是这两类民居最集中的区域。

窑洞民居

穴居式民居最典型的代表是"窑洞民居"。中国的中西部豫、晋、陕、甘地区保存了大量的窑洞民居。在豫西、陕南平原地区有一种名为"地坑窑"

的模式，整个窑洞民居位于地面之下，一个地坑为几十米见方的方形深坑，沿坑面凿窑，土阶道出入；其聚落特征是数户到十多户人家聚居，陕西西安左近的礼泉县仍完整保留有这种模式。丘壑地区则广泛采用"沿崖窑"这一居住模式。这类窑洞通常沿等高线呈横向多层聚合，在天然山坡凿窑，往往数穴相通，并可在窑外以土坯围合坊院。在山西晋中等地则较多出现一种称为"锢窑"的混合形式，即在窑洞外连接一二层拱券式土坯房或砖房并以围墙围成院落，其聚落组合更为灵活，内部空间也更为丰富。而在台湾省台中泰雅族、台南兰屿岛雅美族聚居的地区，还保留一种半地穴民居的模式：它一般为矩形平面、卵石凹下约1.5米，上部为木构架结构，竹条为檩，覆以萱草作为屋顶，形态极为自然，相信这类模式传承到今是当地乡民应对台风、地震等多发灾难而成。尽管空间有限，这类民居室内仍少不了供神祭祀的位置。

藏族碉房（清华大学建筑学院资料室供图）

新疆喀什旧城的高台民居（选自《中国建筑艺术》，五洲传播出版社，2006年出版）

无论窑洞民居还是土筑房、土掌房民居，及至扩大到中国西北干旱、荒漠地区的一些以土坯、夯土、石砌等生土构筑而成的民居，如青海东部的"庄廓"、川青藏一带藏族的"碉房"，乃至新疆喀什地区的"高台民居"，均被列入"生土建筑民居"一类。

考古和人类学研究成果表明，"穴居"是人类初始的民居。史料记载，8000多年前旧石器时代晚期，黄土高原的先民就掘土而居。早期穴居分为两类：一是天然洞穴，主要流行在旧石器时代。再就是大体在新石器时代人类定居后而形成的"穴居"建筑，其中西安半坡仰韶文化遗址最值得重视，其房屋多呈方形或圆形半地穴模式，显然是脱离天然洞穴不久。它表明人类已由山地"野处"聚集到平原定居、由狩猎采集进步到农耕垦殖、由洞穴向地面过渡。半坡遗址是溯源传统民居、了解先民人

新疆喀什旧城伊斯兰风格的民居（CFP供图）

中国民居

云南哀牢山区土掌房村落

居环境最好的实景。

三

干栏穿斗架木楼是楼居式民居的典型代表,它集中分布在西南亚热带地区的少数民族山区。这种楼居形式把楼居的空间形态和组合,依山就势的支撑、悬挑和错层以及木构件的卯榫(卯眼和榫头,中国传统木建筑和家具构件相互连接的方式)技术推向了极高的水平,它和少数民族具有鲜明个性的民族、民俗文化相结合,体现了丰蕴的物质文明和精神文明。

传统的典型干栏木楼全身是木,木构架、木檩椽、木板墙、树皮瓦,连接处用榫头穿卯眼,甚至没有一根铁钉、一件铁钩。房屋平面呈矩形,屋顶为双坡大"悬山式",架

【干栏穿斗架】
穿斗式构架为中国古代建筑木构架的一种形式,这种构架以柱直接承受檩条,没有梁,又称为"立贴式"。

前言：中国民居概述

干栏穿斗木楼

空两至三层，家家户户多沿山坡密集聚合。云南的西双版纳傣族自治州和德宏傣族自治州民居，则是大量使用毛竹的竹木混合构架的干栏竹楼，其不同处是竹材连接多用棕绳、藤条绑扎；屋顶称为"孔明帽"并有燕尾状的"千木"，是一种类以"歇山式"四坡大屋顶。这一地区的景颇族、基诺族、哈尼族等也多沿用竹楼，在架空层的高低、是否搭配土坯、萱草、瓦顶等建筑材料以及图腾供奉上则大同小异。云南的竹楼寨还有一些与众不同之处，如傣寨寨寨有水井，井台刻意装饰，甚至有井亭及守护的石雕神

【悬山与歇山】

悬山也叫"挑山"，是前后成两坡而桁檩突出在山墙之外的屋顶。坡是指从侧面看为人字型的两片屋顶。

歇山式屋顶由前后两个大坡檐，两侧两个小坡檐及两个垂直的等腰三角形墙面组成。天安门城楼就运用了重檐歇山屋顶。

广西三江县马安寨鼓楼

兽；傣家人人勤洗浴，有"宁可食无好肉，不可居无好水"之说，重视水源质量是当地一种良好的生活习俗。又如哈尼族的寨门常以树干搭成门框状置于入寨大路之中，横木上覆以兽皮，逐渐演变成鸟形雕刻。日本学者鸟越宪三郎先生经过大量考证断定：日本传统建筑的"鸟居"（一种牌楼式门，常设于通向神社的大道上或神社周围的木栅栏处）牌坊以及日本民居屋脊的"千木"都源自云南。此外川西南峨眉山地区和重庆地区以及湘西凤凰一带山地、滨水地区的"吊脚楼"，台湾阿里山区曹族和台东卑南族的"圆竹楼"等，就其营造渊源和民居基本构架、空间理念来说，大体也是楼居式的另类模式。

"巢居"和"穴居"同为中国传统民居之最原始的形态，"南巢北穴"是古人的概括。最早的文字记载出自晋代（265—420）文人张华（232—300）的《博物志》："南越巢居，北朔穴居，避寒暑也。"

广西侗寨风雨桥

至于首记"干栏"名称的则为北齐人的《魏书·僚传》,该书指出:"依树积木,以居其上,名曰干栏。"唐宋之后文献、野史记载更多。明朝地理学家徐霞客（1587—1641）在《徐霞客游记·粤西游记》中所记载的木楼寨和现存的传统干栏木楼寨几乎完全一样。历史记载和考古发现充分证明了干栏木楼民居曾广泛流行在长江流域以南的半个中国,凡流行之处,都是湿热多雨的山地、丘陵,其生态资源是林木茂密,其生产方式为稻作农耕,其居住习俗已发展为聚集定居,其建筑技艺水平则已普及了先进的伐木、加工、雕琢。这一地区历史上统称为"百越",细分为江浙一带的"于越"、福建一带的"闽越"和皖赣一带的"山越"等等。"干栏"的住屋文化是百越的共同特征,聚落的图腾、场院、入口以及构造、材料的细分,以及与各少数民族的风俗习惯相融合,传承下来则为今天南方尤其是西南地区千姿百态的众多民居聚落。

浙江绍兴民居

值得一提的是随着人口的增长、林木资源的锐减、砖瓦等建筑材料的普及以及其他因素,南方汉民族以及平原地区的少数民族陆续告别干栏木楼,演进成许多变异和新型的形态模式,如浙江的水街民居、安徽的天井式民居、闽南的土楼、昆明的"一颗印"等等。

中国民居

浙江乌镇水街民居

中国传统民居尽可能地顺应自然,或虽然改造自然却加以补偿。作为民居的聚合体,传统聚落的产生和发展充分巧妙地利用了自然生态资源,同时也非常注意节约资源,重视理水(水景处理),充分利用乡土建筑材料,利用自然温差御寒防暑等等,反映了重视局部生态平衡的天人合一的生态观。中国民居形态丰富而不繁杂,巧妙而不做作,关键在于创造它的广大乡民习于农耕,适应大自然变化的规律。他们历来注重对比中的和谐、渐变中的韵律,朝朝暮暮、生生息息往复不已,因而形成了浓郁的乡土田园的审美情趣。其特征为:

——美在自然。中国民居亲山亲水,充沛的阳光、深邃的阴影、明亮的天空、浓密的树林,建筑则生长于其中。美在自然还有一层更具启迪性的意义:中国民居中人工创造的美是"有意味的形式",很少有牵强附会之作,无论

【民居的防火、防雨与防潮】

马头墙即封火山墙,因形似马头而得名,为建筑两侧山墙高出屋顶的一种做法,用以避开其他建筑的火灾蔓延至自身。门罩是建筑入口上方挑出墙面的构件,类似于小雨篷,起到遮阳避雨与装饰的作用。鸡腿即干栏木楼,其底层架空的柱子状如"鸡腿",故名,可以隔绝潮气。

"鸡腿"木楼

负阴抱阳、背山面水

马头墙之韵律

是民居的形象、色彩、质感、光影等等,几乎都与功能、材料和结构紧密结合,如马头墙防火、门罩遮雨、屋脊压瓦堵缝、"鸡腿"木楼空间防潮避湿等等。民居形态构成因素和装饰一开始就依附于实用需要,这就注定了它的"原生"和"自然"、"有机"与"质朴"的个性,其"拙"之美、"生"之美,是任何矫揉造作都难以匹敌的。

——有机随机、无法有法。各类民居形态构成中最主要的是建筑材料,乡土民居就地取材,如山之木、原之土、滩之石、田之草等等,这就使得幢幢民居宛如生长于大地,与自然环境成为一个有机的整体。它们依山就势,该悬挑则悬挑,该支撑则支撑,干栏木楼民居在这方面表现得最为充分。在民居聚落的布局上,沿河溪则顺河道,傍山丘则依山势;有平地则聚之,无平地则散之。这看似无法,但无法之中则寓有"顺其自然"、"因地制宜"之大法。

——和而不同。这一特点非常适合居住环境的形态要求。一个地区的民居形式,其大体相同的材料、结构和空间、平面的构成,形成了相同的色彩、质感、形象乃至建筑"符号",体现着民居的"趋同感"。但趋同不是雷同,相近中又有千变万化,这主要体现在造型

徽州民居

闽西五凤楼（清华大学建筑学院资料室供图）

元素的组合搭配和本身技艺的精细变化上，展示了中国传统文化艺术整体和谐下的个性发挥，也增强了可识别性，有较高的欣赏价值。

乡土民居建筑是相对于宫殿、寺庙建筑、文人士大夫府邸等城市建筑而言的，它和俚语小曲、赶摆歌圩、民族服饰、地方风情、民间故事乃至"大阿福"、布老虎、剪纸、糖葫芦这样一些民俗民风共同构成了一种所谓的俗文化。它以极其顽强的生命力滋生、繁衍、发达在乡土、市井的最底层社会之中。广大民众创造了它，享用了它，同时也传承了它。民俗民风更贴近一个民族、一个地区的社会和自然生态，更贴近人本身的生活。它生机勃勃、延绵不已的道理也很简单：最广大的乡民要生存、要发展，他们用有限的手段、少量的钱财，按照生活的本来面目和自己的心愿构筑自己的生存空间。

毫不夸张地说，中国民居折射着中华民族的历史，融合着中国

中国民居

蒙古族和哈萨克族等民族居住的蒙古包是一种圆形的活动房屋,属于移居类型。(选自《中国建筑艺术》,五洲传播出版社,2006年出版)

最广大民众的勤劳、智慧和理想。中国传统建筑中,既有堂皇者如皇城、宫殿、府邸,又有高雅者如园林、书院、寺庙,而它们的"根"——从精神层次的"软件"到物质层次的"硬件"却无不建立在内涵丰富、厚重的民居基础之上。

(单德启)

庭院深深深几许
——北京合院探幽

◇庭院深深
◇小扣门扉
◇垂花怡情
◇别样天地

中国民居

自元代（1206—1368）正式建都北京（1264），大规模规划建设都城时起，四合院就与北京的宫殿、衙署、街区和胡同同时出现了。据元末明初熊梦祥所著《析津志》记载："大街制，自南以至于北谓之经，自东至西谓之纬。大街二十四步阔，三百八十四火巷，二十九街通。"这里所谓"街通"即我

四合院入口（本章图片为清华大学建筑学院资料室提供）

们今日所称胡同，胡同与胡同之间是供臣民建造住宅的地皮。当时，元世祖忽必烈"诏旧城居民之迁京者，以赀高（有钱人）及居职（在朝廷供职）者为先，乃定制以地八亩为一分"，分给迁京之官贾营建住宅，北京传统四合院住宅大规模形成便由此开始。

旧时的北京，除了紫禁城、皇家苑囿、寺观庙坛及王府衙署外，大量的建筑便是那数不清的百姓住宅。元人有诗云："云开闾阖三千丈，雾暗楼台百万家。"这"百万家"的住宅，便是如今所说的北京四合院。明（1368—1644）清（1616—1911）以来，北京四合院虽历经沧桑，但这种基本的居住形式已经形成，经不断完善，形成了留存至今的这种独具特色的民居形式。

四合院的形态古朴典雅，庄重大方，布局讲究，环境幽静。高台阶、石门墩、红门楼、青砖灰瓦博风头（指房屋侧墙墙身、屋顶面交接处的封口构件，多做成装饰纹样的青砖块），屋脊上高高翘起的马尾脊饰，屋檐下油漆彩绘的山水烟云，磨砖对缝的墙面，玲珑精巧的花园，无不渗透着北京四合院的古貌神韵。

庭院深深

北京四合院与棋盘式街道网络格局有着深刻的内在联系。正规四合院一般依东西向的胡同而坐北朝南,中轴对称,左右平衡,对外封闭,对内向心,方方正正。四合院规模不同,大小相差悬殊。但无论大小,都是由基本单元组成的。

由四面房屋围合起一个庭院,为四合院的基本单元,称为一进四合院;两个院落即为两进四合院,三个院落为三进四合院,依此类推。北京大型四合院(如王府)可多达七进、九进院落,除中路主院外,两侧还有东西跨院,可谓"深宅大院"。

北京四合院的房间布置也比较固定,一般由正房、耳房、厢房、后罩房及倒座房组成。

由于日照的影响,四面的房子以坐北朝南为最好,因而四合院都以北房为正房,东西两侧次之,为厢房。四合院最重要的房间是正房,祖宗牌位及堂屋设在正房的中间,所以正房在全宅中所处的地位最高。其开间、进深和高度的尺度都大于其他房间。正房

四合院组群

的开间一般为三间，中间为祖堂，东侧的次间往往住祖父母，西侧的次间住父母，而且老房子正房左边（东边）的次间比右边（西边）的略大，这是受"左为上"传统习俗影响的结果。四合院中，除中轴线上的堂屋外，东屋被认为是次好的房间，所以人们也把主人称为"东家"、"房东"。

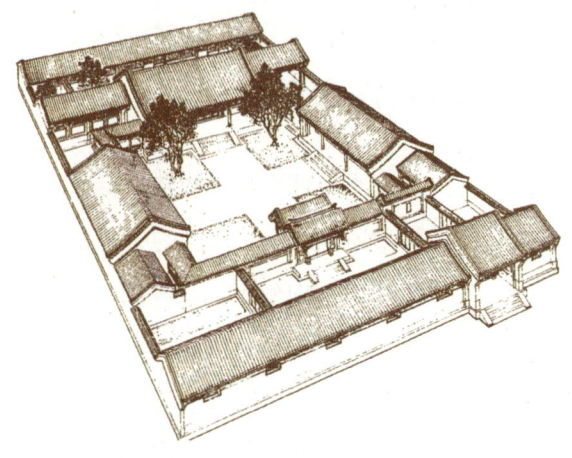

中型四合院鸟瞰

　　位于正房之前、拉开院子的宽度、相对而立的房子叫厢房。厢房一般为三间，供晚辈居住。

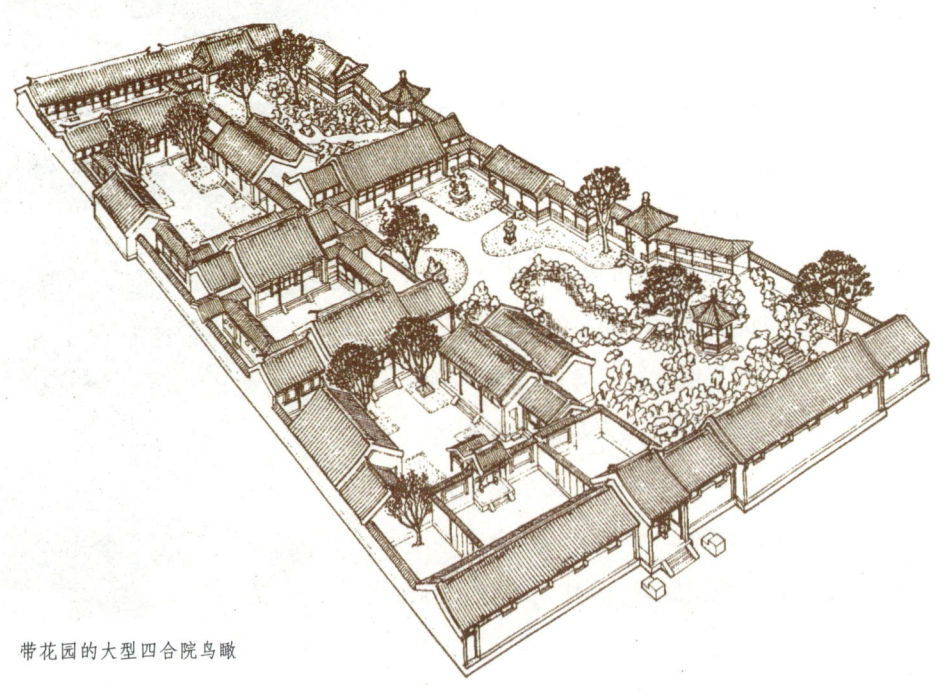

带花园的大型四合院鸟瞰

从垂花门看正房、东西厢房和庭院。

　　正房两侧大都再建耳房。耳房与正房一样也是面南，只不过尺度较小，也就是后墙与正房齐平，而前墙比正房向后退缩。由于进深窄，因而屋顶的高度也矮。如果将正房比喻为人的脸面，那么，耳房就像是人的双耳。正房两侧的耳房有各一间的，也有各两间的。各一间的被称为"明三暗五"，也就是看上去正房是三间，但事实上正房为五间；各两间的则被称为"明三暗七"。耳房前面正对的是东厢房或西厢房的北山墙，这个小空间的东西两侧又各为院墙和游廊所隔挡，恰好形成耳房前的一对小院子。由于这两个小院子不铺砖石，因而被称为"露地"，常常种植一些房主人喜爱的花木。一些文人也将书房设在耳房，阳光可以直射房中，而窗前的小空间又十分私密，日影斑驳、轩窗静寂，可说是极好的读书环境。耳房的室内一般都有门与正房的次间相通。在构造上，正房、耳房各自都有独立的山墙，但民国（1912—1949）以后建的四合院往往将构造简化，两个

中 国 民 居

山墙合二为一。

四合院的正房、厢房之间，一般由抄手游廊连接沟通。抄手游廊是开敞式附属建筑，既可供人行走，又可供人休憩小坐、观赏院内景致。

正房后面的一排房屋叫作后罩房。后罩房的开间很多，由于不是正房，故不受宅制之制约。后罩房一般是女儿及女佣所住的地方，由于位于院落的最后，所以最为私密。女儿居住在这里，进出都要经过父母亲居住的正房，所以行动上受到父母的监视。后罩房的等级小于厢房，房屋的尺度也小于厢房。如果四合院的后面临街，那么还可以将西北角的一个房间空出来留做后门使用。后罩房后面临街的一侧墙壁，大多不开窗或开小的高窗，街上的路人看不到房间内的活动。

后罩房位于院子的最北端，与之相对应的是院子最南端的一排门朝北的房间，被称为倒座房。倒座房的使用分配一般如下：最东面一间为私塾，配有私塾院；从东数第二间为大门；第三间为门房，供男仆居住；正对垂花门，也就是隔墙正对正房的三间为来访

耳房、小天井及游廊

【青龙白虎】

中国古代神话中有四方四神,以四种动物形象代表。其中左为青龙、右为白虎、前为朱雀、后为玄武,玄武的形象为龟。

客人的居住场所,有时也作为会客间;倒座房最西头的一间为厕所,用一堵南北向的墙将厕所与前院隔开,留一小门,有时门还做成月洞(圆门)的形式——因为旧时人们认为西南角是"五鬼之地",在那里建厕所,可以用秽物将"左青龙、右白虎"中的白虎镇住,免得它进宅捣乱。

两进院落以上的四合院,一般都分为内宅和外宅,由二门——垂花门或屏门连接沟通。

小扣门扉

旧时在北京的胡同里行走,一路可以看到双扉紧闭的大门。这种宁静的气氛与感觉,就是典型的京味儿。

门是民居的脸面,是房主人社会地位的象征,历来受

京剧艺术家梅兰芳(1894—1961)故居的金柱大门

如意门

中国民居

抱鼓石

到中国人的重视。人们常说的"门第"、"门当户对"就是由"门"的本义引申而来。人们也习惯用"书香门第"、"柴门草户"等词来表明一户人家的家庭背景。门的型制，如式样、大小、屋顶形式、油漆颜色、装饰物件等，有严格的等级区别，代表户主的身份地位。

四合院的大门按照规模等级分为王府大门、广亮大门、金柱大门和如意门等。王府大门、广亮大门和金柱大门多为王公贵族和官僚阶层所拥有；如意门则多为商贾及有钱人所拥有。四合院的大门最主要的特点是好像一座小房子，所以又可称为"屋宇式"大门。

广亮大门是除了王府大门之外档次最高的大门。这种大门在清代是必须有一定官品人家的住宅才可以使用的。一般来说，北京四合院的大门就是在倒座中间开辟一间房屋作为门，广亮大门也是这样一种形式。这间房屋的进深略大于与它毗邻的房屋，屋顶要比其他房间高出一些，大门两侧的墙壁同样也向外凸出一些，作为装饰。门的地基被垫高，这样大门的地面高出门外的街道，从四合院出来便有居高临下之势；而进入四合院时，有步步登高之感。大门外两侧山墙前部的上方、靠近屋面下部的位置微凹进一些，称为墀头，墀头上以砖雕作为

四合院门枕石上的小狮子

> 【四合院大门的构件】
> 　　门枕石、门簪、抱鼓石等是四合院大门的装饰构件。门枕石是在门柱前形状如古代枕头的石座，其功能是用来稳固木板的门面，使其不会因强风或门扇开关而摇动。门簪是大门上起固定作用的构件，从大门上槛伸出，略似妇女头上的发簪，故名。少则两枚，通常四枚，或多至数枚，具有装饰效果。抱鼓石就是门鼓，其上方做成鼓形，属于门枕石的一种。

> 【硬山式】
> 　　硬山式为中国传统建筑屋顶形式之一，其特点为建筑坡顶两端不向山墙外悬挑出。

装饰；砖雕的内容分为两类，一种是祈福的，还有一种是辟邪的。

广亮大门的特点就是门立于脊檩之下山柱之间的位置。大门洞的进深被等分为二，门外一半、门内一半。门板的轴下端置于门枕石的海窝里，上端用门簪、联楹约束在门框上。门簪用四颗，形状多样，正面加饰木雕。门扇外部设一对抱鼓石，抱鼓石是从古代仪仗的形式中发展而来的置于门两侧的装饰物，多以鼓形为主体。门簪、抱鼓石上下呼应，给大门平添无限风韵。

多数的广亮大门都不吊天花板，人们向上仰视可以直接看到屋顶下的结构；也有的人家设一半吊顶，常见的是在大门以内的一半屋顶下设天花吊顶，称为半吊顶。北京四合院大门的屋面多为硬山式，用筒瓦或仰合瓦（小青瓦一正一反的形式）。大门外设有踏步，踏步的两侧设有垂带斜坡的石板。

金柱大门比广亮大门更为精巧。建筑物最外侧的柱子是檐柱，正中支持屋脊的柱子叫做中柱，位于檐柱和中柱之间的便是金柱了。把门扇设置在金柱的位置上便是金柱大门。中柱内、外侧都有金柱，北京四合院的金柱大门是将门扇设在中柱与外檐柱之间的外金柱的位置上。这种大门，门扇外的过道浅，而门扇内的过道深。金柱大门的其他设置都与广亮大门相同，但大都装有吊顶，尤其是门扇外侧的吊顶、檐檩、额枋之间的垫板上常画有以历史人物故事、山水风景、博古器物等为内容的苏式彩画。

影壁是北京四合院与大门配套的装饰性、标志性极强

的一种砖砌建筑。其主要作用在于遮挡大门内外杂乱呆板的墙面和景物,美化大门的出入口。人们进出宅门时,迎面看到的首先是叠砌考究、雕饰精美的墙面和嵌刻在上面的吉辞颂语。

影壁与大门互相陪衬、互相烘托,二者密不可分。它虽然只是一座墙壁,但由于设计巧妙、施工精细,在四合院入口处起着烘云托月、画龙点睛的作用。

影壁

垂花怡情

垂花门是四合院中一道很讲究的门,它以端庄华丽的形象成为四合院的外院与内宅的分界。垂花门设在四合院的主轴线上,位于外院北侧正中,建在三层或五层的青石台阶上,用于分隔前院和内院。前院供主人会客用;而内院则是自家人生活起居的地方,外人一般不得随便出入,就连自家的男仆都不例外。旧时人们常说的女孩子家"大门不出,二门不迈"中的"二门"即指垂花门。

垂花门有两种功能:一是有一定的防卫功能,在向外一侧的两根柱间安装着第一道门,这道门比较厚重,与街门相仿佛,名叫"棋盘门"或称"攒边门",白天开启,供家人通行,夜间关闭,有安全保卫作用。第二个功能是屏障作用,这也是垂花门的主要功能。为了保证内宅的隐蔽性，在垂花门内一侧的两根柱间再安装一道门，这道门称为"屏门"。除去家族中有重大仪式，如婚、丧、嫁、娶时，须要将屏门打开之外，其余时间，屏门都是关闭的，人们进出二门时，不通过屏门，而是走屏门两侧的侧门或通过垂花门两侧的抄手游廊到达内院和各个房间。垂花门的这种功能，充分起到了既沟通内外宅，又严格地划分空间的特殊作用。

从形态上看，其所以叫垂花门，是指门上檐柱不落地，而是悬于空中，柱上刻有花瓣联（莲）叶等华丽的木雕，以仰面莲花和花簇头为多。垂花门整座建筑占天不占地，这是垂花门的特色之一。

同时，垂花门是装饰性极强的建筑，它的各个突出部位几乎都有十分讲究的装饰。垂花门向外一侧的梁头常雕成云头形状，称为"麻叶梁头"，这种作出雕饰的梁头，在一般建筑中是不多见的。在

精美的垂花门

垂莲柱一

麻叶梁头之下，有一对倒悬的短柱，柱头向下，头部雕饰出莲瓣、串珠、花萼云或石榴头等形状，酷似一对含苞待放的花蕾，这对短柱称为"垂莲柱"，垂花门名称的由来大概就与这对特殊的垂柱有关。联络两垂柱的部件也有很美的雕饰，题材有"子孙万代"、"岁寒三友"、"玉棠富贵"、"福禄寿喜"等。这些雕刻寄予着房宅主人对美好生活的憧憬，也将这道颇具地位的内宅门面装点得格外富丽华贵。

垂花门位于整座宅院的中轴线上，界分内外，建筑华丽，成为全宅中最为醒目的地方，也表现出宅主的财力、家世的繁衍、文化素养的高低，甚至还能看出宅主的爱好和性格。

垂莲柱二

别样天地

北京四合院以房屋、回廊、围墙等把一方天地围合在自己生活的空间里，关上大门便自成一统。

北京的无霜期长达200天，全年中适于室外活动的时间长，加之日照时数长，阳光充足，住宅采用庭院式十分合宜，庭院的使用率很高。北京的冬季较寒冷，而日照角度斜，因而把院子做得宽敞，各房屋尽量互不遮挡，可以多接纳阳光。阳光照射入室内，除了可以提高室内温度外，也可以使人从精神上感到光明、温暖。四合院对外封闭，门窗都开向庭院，这是应付北京风沙大的有效措施。庭院成为家庭生活的核心，因此，对庭院的营建别具匠心。

北京四合院讲究绿化，院内种树种花，确是花木扶疏，幽雅宜人。主院中地面的四隅留出四块方形的土地不铺砖，就是专为种树用的。老北京爱种的花有丁香、海棠、榆叶梅、山桃花等；树则多是枣树、槐树、海棠树，其中以海棠树为正宗，取兄弟和睦之义。到了近代，种树的种类有又增加，有花香、有果吃的都受欢迎。

庭院深深，别有洞天。

北京四合院庭院中最具特色的是盆栽花木。清代有句俗语："天棚、鱼缸、石榴树，老爷、肥狗、胖丫头。"这是四合院庭院的生动写照。鱼缸不仅养金鱼，还要在其中植莲。而盆栽花木最常见的是石榴树、夹竹桃、金桂、银桂、杜鹃、栀子等等。石榴树种在大花盆中，盆外套上涂绿油的大木桶；种

绿荫覆盖的文学家郭沫若（1892—1978）故居

石榴取石榴"多子"之意。到了冷天，这些花木则要搬进闲屋中过冬。

至于阶前花圃中的草茉莉、凤仙花、牵牛花、扁豆花，更是四合院中的家常美景了。

四合院是传统中国人理想的居住模式，有房子、院子，有大门、二门，有游廊、私塾，有客厅、照壁，有库房、厨房，大户人家连园林、车马房等均一应俱全。四合院是封闭式的住宅，对外只有一个街门，关起门来自成天地，具有很强的私密性，非常适合独家居住。院内，四面房子都向院落方向开门，一家人在里面和亲和美，其乐融融。四

温馨的室内环境——碧纱橱和落地罩

合院的四周，由围墙和各座房屋的后墙封闭，房屋对外多半不开窗，为实墙，因此院内没有市声尘嚣的干扰，家居安全也有保障。四合院建筑，不仅和中国人的伦理观念、家庭结构契合无间，而且表达了中国人中正平和、变通有则的处事态度。

站在北京四合院中环顾四周，中间舒展、廊槛曲折、有露有藏。四合院的神髓就在于一个"合"字。它将很多的要素，包括精神的、物质的都"合"在一起，将一个大家庭的所有成员都"合"在一起。"庭院深深深几许"，只有在古老的院落式民居中才能感受到这颇具中国意韵的诗境。

（赵之枫）

青山绿水话徽居
——皖南村居漫话

◇山与水的徽州——水乡宏村
◇黑与白的徽州——桃源西递
◇虚与实的徽州——天井和马头墙
◇书与礼的徽州——书院和牌坊
◇技与艺的徽州——"三雕"和园林
◇商与儒的徽州——相辅相成的商业和文化

"一生痴绝处，无梦到徽州。"（明代戏剧家、文学家汤显祖，1550—1616）翻开中国地图，在安徽省南部黄山脚下的新安江畔，有一片文化历史灿烂悠久且保留完整的区域，这就是徽州。

元代时始设"徽州路"，是"徽州"这一称谓的开始。今天的"徽州"已经不是一个行政区划，而是中华民族传统文化中的一个文化圈，它包括安徽省的歙县、休宁、祁门、绩溪、黟县和江西省的婺源等六县。

徽州地区有着近2000年的悠久历史，它的兴盛从南宋（1127—1279）以后开始，在明清达到鼎盛。徽州发展了先进的经济、技术和灿烂的艺术、文化。这里孕育了程朱理学、新安画派、四大徽班，盛产宣纸、徽墨、歙砚，工艺、出版、医学也都非常发达；而徽州最广为人知也最具特色的，莫过于徽派建筑。徽州传统建筑文化规模宏大而完整，个性鲜明而又能融于自然山水，样式千变万化又能和谐统一，类型丰富多样又能自成体系，工艺精湛华美而总体又朴素清新，于今已成为中外建筑界深入研究的珍贵遗产。

山与水的徽州——水乡宏村

徽州山明水秀、风景如画。民居建筑充分适应和发挥了这里的山水特色。徽州的村落注重整体规划，选址巧妙，讲求风水，结构完整。其中最典型的例子就是世界文化遗产之一的水乡宏村。

宏村位于徽州六县之一的黟县。黟县始建于秦（前221—前206），与相邻的歙县同为秦始皇设置的中国第一批县治，距今已有2200多年了。黟县地处黄山西南，境内层峦叠嶂，溪涧回流，因为交通封闭，至今仍然保留了大量完整的民居集落、明清民居3000余

背山面水的宏村

栋。

宏村位于黟县北部，北负雷岗、南抱羊栈河，正体现了风水中的"负阴抱阳"、背山面水的要求。宏村最具特色的就是遍布全村的人工水系。

宏村始建于南宋绍兴元年（1131），而村中水系的大规模建设则在明初永乐年间（1403—1424）。当时将村溪引入村内，开凿百丈水圳，九曲十弯流过家家户户的门前院中，最后汇聚于同时开凿的村落中心宗祠前的半月形池塘——"月沼"。150年后在村南又开凿了百余亩的大池塘——南湖。此后400年至今，宏

宏村中心月沼

村仍然保留着这个完整的水系格局，至今还为村民日常所使用。

水系的入口在村西北的略高处。水闸是水圳的入口，也是全村水系之首。在此筑石成坝、设闸抬水，成为该村八景之一的"石碣漾波"。

水圳宽约60厘米、深约1米，从西北曲曲折折在村内沿巷穿行，流向东南。水流清澈，纵横交错，四通八达，水系最后流入月沼。月沼北直南弯、形如半月，位于汪氏宗祠的正南门外。整个水系有如全村的血脉，活跃了整个村落的精神和物质生活。水系一方面提供了浣洗、消防、排水、调节温度和湿度等功能，另一方面连同村中的石板路、园林院落、广场门楼一起，成为变化丰富的特色景观，为村民提供了休憩、交往的公共空间。漫步宏村，潺潺流水映出斑驳的白墙黑瓦、青山蓝天，古朴的石板路连接着一个个深宅大院、亭台楼阁；村南的南湖更是春柳夏荷、秋红冬雪，四季风光各尽其妙。水系不光连接各家门前，还被引入庭院，形成各具特色的小型水庭院，给一个个家宅带来了大自然的灵气。

水口—水圳—月沼—南湖，还有每一家的水院，构成了一个完整的水系。水成为整个村落的灵魂，使整个聚落的环境——街巷、建筑、景观以及居民的生活、文化、休闲组成了一个完整的有机体，启示着人可以与大自然和谐共生，人保护自然也利用自然，大自然不

西递村全村鸟瞰

光是人类改造和利用的对象,更是人们日常生活不可分割的一部分。

黑与白的徽州——桃源西递

徽州的建筑群体,最强烈的特点就是黑瓦白墙构成的点线面、黑白灰的有机组合,有如一幅衬托在青山绿水中的水墨画卷,清远而高雅。徽州民居的白墙原先并非为了粉饰,而是当时的一种生态选择。粉墙防潮,又能反射阳光,明万历年间(1573—1619)志书《休宁县志》上就说:"涂白垩以防潮,非为费财而饰也。"后来,随着文化的发展,尤其是受到中国水墨山水画黄山画派的影响,这种黑白之美越来越受到认可。徽州文化发达,读书人宁静、素雅的审美情趣大概也是黑瓦白墙之风尚蔚起的一个原因。

西递村局部鸟瞰,可见黑白点线面的有机构成关系。

西递村被誉为"桃花源里人家",位于黟县城东8公里,村中由东向西贯穿二溪,故名西递。全村保持了完整的村落格局和环境。

西递是胡姓宗族的聚居地，村中街巷曲折、幽深多变，建筑尺度宜人亲切。这些街巷既是交通的路线，也是交往的空间。这里随处可见错落的马头墙，雕刻精美的门罩，拱门券门，变化活泼的漏窗点窗，生机勃勃的盆景绿化。街巷连着庭院，庭院连着天井，空间节奏变化流动。整个村落里民居连片，祠堂、绣楼、牌坊矗立其间，周围是树木溪流、田地炊烟，一派生机勃勃。每一个单体的建筑都有不同方向的坡屋顶和对应的马头墙，组成黑色的面和线，衬托在大面积的白色墙面里。因为道路曲折，建筑朝向各自不同，加上各个单体的高度、层数、规模也不同，形成有机变化的建筑风貌；而所用的建筑材料和基本组合方式又非常一致，所以能够形成一个风格高度统一而面貌丰富多样的聚落景观。

当然，建筑的室内色彩要比外观丰富得多，豪华宅邸常用红色梁柱，重要部位的木雕装饰敷以金粉，而书香人家则常用清漆木本色的门窗和家具。

其实徽派民居并没有追仿自然界已有的色彩，而是与绿水青山形成鲜明、协调的对比：通过自身良好的尺度、有机变化的丰富组合，以及黑白灰色调本身的高雅和兼容性，使山水与建筑相互衬托，相得益彰。

虚与实的徽州——天井和马头墙

徽州传统民居在明代就已经成熟，最典型的是"四水归堂"的合院建筑。这是一种虚实相生的建筑形式。徽居

【券门与点窗】

徽州民居多有拱券形的门洞，上缘为半圆形砖拱，简称券门。徽州建筑外界面通常比较封闭，开窗很小如点状，故称点窗。

【四水归堂】

徽州民居的院落四边的屋顶都是斜坡屋顶，下雨时雨水会从四面流入天井中，称"四水归堂"。

是内向的，对外是大面积的高耸实墙，只点缀通气的小窗，起到防盗的作用；大量的徽居是密集建造的，相邻建筑之间用防火山墙分隔，主要是起隔绝火焰、避免火灾蔓延的作用，后来因为这些墙的角部造型类似马头而称马头墙。马头墙造成的徽居封闭的整体外观，是"实"的一面；但是建筑群的内部则用天井来实现和自然的交流，大片的建筑群里布满了各式各样的天井，天井里有植物盆景的繁茂、有居民生活的气息，这是"虚"的一面。徽居正是在虚实相生中达到了艺术和生活完美统一的境界。

徽州民居的天井和北方的四合院是很不一样的。徽州地区的土著是"古越人"，他们是先秦时期就生活在长江中下游以南的一个古老民族，相传为古代治水英雄大禹的苗裔。他们的居住特征是"巢居"。自汉代（前206—公元220）开始，中原大规模向徽州移民，带来了中原汉文化，并且后来反客为主，成为徽州文化的主流。但是汉文化并没有完全抛弃越文化，更无法脱离越文化生长的气候地理环境。实际上今天留存下来的徽州古民居，正是

呈坎明代住宅中的内天井，典型的四水归堂，高狭的天井意境幽深。

中国民居

丰富变化的马头墙组合

这种古越人巢居建筑——干栏木楼和北方四合院结合的产物。徽式合院基本都是楼房，很少有北方那样的单层合院，即使是一层也架设木底板并留有通气层，以通风排除湿气。明朝的徽州建筑仍然是楼居模式，主要活动在楼上，所以一层和二层的高度比为1：2。清朝的徽居基本上接受了北方合院活动主要在一层的特征，层高比变为2：1，但是也保留了巢居的特征，将中堂完全开敞与天井相连，有利于更好地通风。天井的比例也和北方合院大不一样，瘦高狭小，这样可以避免夏天的烈日照射，形成拔风的烟囱效应，以适应炎热的天气。建筑结构也结合了北方抬梁式和南方穿斗式两种木构架，在同一栋建筑中往往分别在正堂和卧房采用。而徽居的大门也结合了南方村寨的寨门

徽州民居门的造型

和北方屋宇式大门的特点,徽州的牌坊和牌坊式大门就是典型的例证。

书与礼的徽州——书院和牌坊

徽州自古文化教育发达,儒家理学对徽州影响深远,南宋时期理学的代表人物朱熹(1130—1200)就诞生在徽州。"新安多名士"、"十户之村不废耕读"——书礼传家是徽州人的传统,他们认为"第一等好事只是读书"(西递村楹联),这一传统反映在建筑上,便产生了大量的书院家塾和宗祠牌坊。

> 【抬梁式与穿斗式】
> 抬梁式是中国古代建筑木构架的一种形式,做法为柱上架梁,梁上又抬梁,所以称之为"抬梁式"。穿斗式构架为另一种形式,指柱子和梁通过卯榫方式构成的一种咬接方式。

宏村盛夏南湖边的南湖书院

徽州有着大量私塾，书院建筑也很多，著名的有宏村南湖边的南湖书院、紫阳书院、竹山书院等。明代徽州56万人口就有书院52所、学堂家塾462所。明代以后，因科举入仕的徽州人成批出现，同一村落"一门九进士，同胞两翰林"及"父子尚书"已不鲜见，很多名重朝野的高官鸿儒便出自徽州。

西递村胡氏宗祠敬爱堂内景

徽州重礼法，在建筑上表现为大量兴建祠堂和牌坊。祠堂是宗族的核心，徽州多宗族集落，所以祠堂特别多，等级也特别高。比如呈坎村的罗氏宗祠后堂的宝纶阁，建于明万历年间，11开间，面阔29米，进深10米，构件遍饰雕饰，尤以寝殿梁架上的彩绘为罕见的民间彩绘珍品。而西递的胡氏宗祠敬爱堂，两院三厅，空间宽敞肃穆、梁柱硕大严整、雕饰精致华美，和其他宗祠一样，它们的地位、体量、面积

西递村口牌坊

都是全村最高的。宗祠在徽州的村落里，既是建筑上的中心，也是宗族村民精神上的中心，宗族的祭祖仪式、重大决策、各种奖罚都在这里进行。时至今日，宗祠在徽州古村落里也是一种特别的景观。

牌坊维系的是宗族和君王之间的礼。徽州的牌坊数量和质量都名冠全国，仅歙县就有94座牌坊，其中贞节牌坊34座。这里的牌坊在空间上起到门的作用，或标识入口、或分隔空间，灵活多变。西递村口的牌坊三间四柱五楼，高达13米，是最高等级的牌坊，系明神宗皇帝朱翊钧（1563—1620）赐给胡氏族人胶州刺史胡文光的。现在徽州最大的牌坊群在棠樾，共有7座，在村边开满油菜花的田野里静静地立着，那庞大的规模、精美的雕刻、含义深远的铭文，述说着家族历史的荣耀和沧桑。

棠樾村牌坊群

技与艺的徽州——"三雕"和园林

徽州的"三雕"（木雕、砖雕、石雕）技艺精湛，闻名中国。更为特别的是，徽州三雕用于建筑，总能非常巧妙地与建筑的室内外

中国民居

构件、装修相结合，为建筑增色，同时也凸显了自身。门罩、梁头、漏窗、隔扇，无不做工巧妙、精美绝伦。而其可贵之处在于，从不滥用技艺，总是在点睛之处小心使用，重写意刀法，不一味追求逼真，使之在朴素中显出华美，在粗犷中衬托纤细。

卢村木雕楼内景

徽州的木雕一般不用彩漆，只涂桐油；材料使用最讲究的用银杏、楠木等名贵木材，这既避免了油漆影响细部的雕刻效果，更表现出木材的高贵和天然的纹理之美。

石雕多用黟县盛产的"黟县青"石料，质地坚硬、纹理细密、光泽温和，多采于黟县西递、美溪等山上。徽州建筑不仅大门、牌坊等很多地方用石雕，令人叫绝的是大量地使用整块石料雕琢镂刻而成的花窗，其图案疏密有致、造型刚柔相济，造成内外通透的空间效果和精美生动的装饰效果。

西递村民居石雕漏窗

徽州砖雕用徽州盛产的质地坚细的青砖雕刻而成，广泛用于徽派风格的门楼、门套、门楣等处，成为徽派建筑的重要

棠樾村清懿堂大门砖雕

组成部分。

徽州不仅工艺技术发达（例如盆景、宣纸、徽墨、歙砚），由技术而艺术，在文化和技术的带动下，整个艺术也高度发达。徽派的戏剧和绘画，特别是新安画派的画家，从清初的弘仁（1610—1664）、查士标（1615—1698）直到现代的黄宾虹（1865—1955），泼墨山水、造化自然，推动了中国画的发展。画家的品位、风格及表现手法又极大地影响了徽州的建筑、园林艺术的风貌、构图和布局。

徽派园林作为徽派建筑的一个重要代表，以徽派盆景、水池、绿化而独具特色，它广泛分布于寻常百姓的堂前屋后，同日常生活紧密相连。歙县唐模村的水口园林"檀干园"就是著名的徽州园林，它小巧精致，汲取了江浙园林的建筑手法，有"小西湖"之称，是清初徽商许氏为使

唐模村檀干园

宏村汪顺风宅水园

【美人靠】
建筑中一种靠背木坐凳,因多用于园林亭廊之中,淑女夫人依栏就坐,更显美女风采,故名。

老母能领略杭州西湖的风景而建造的。黟县碧山的"耕读园"将水光山色融为一体,书房前水院中菱叶青翠,墙外是开阔的稻田,耕读二字不言自明。宏村李书明宅水园位于正房后侧,出抱厦探入不大的水池之上,简朴的"美人靠"和放着徽派盆景的石栏杆、粉墙上的磨砖花窗相映衬,充满乡土田园气息。

商与儒的徽州——相辅相成的商业和文化

徽州建筑文化发达不是偶然的,最重要的内在因素是"贾儒"特征的徽商的崛起。和晋商不同,徽商一开始就来自于一个汉、越交融的背景,因为地狭人稠而外出经商,从而具有外向的性格。因为文化教育的发达,徽商精明而守信、善于经营,认识到"富而张儒,仕而护贾",从而在商场和官场都大获成功。他们经营盐、茶、典当、出版等行业,形成了"无徽不成镇"的局面,财富日益集中。稳定的经济基础推动了文化的发展，进步的文化又促进了徽商对外交流的开放精神，使得经济更加繁荣。

大多徽州民居是依靠徽商雄厚的经济实力建造起来的，而且这

屯溪老街，有着上百年的商业历史，至今仍然是屯溪重要商业区。

些建筑精美而不流于庸俗豪奢，与徽商的文化品位也不无关系。徽州最具特色的祠堂、牌坊、书院建筑，都有赖于徽商的贾—儒—仕多重身份才得以充分发展。歙县的许国牌坊就是明代万历年间尚书兼大学士的歙县人许国（1527—1596），因建立殊勋而获皇帝恩准建造的。类似的还有西递村口的胶州刺史牌坊、呈坎村的罗氏宗祠、国家重点文物保护单位宝纶阁、宏村南湖书院，以及众多徽商的深宅大院，都不只是单靠财力就可以兴建的。这是经济、宗法、文化、艺术全面兴盛、相辅相成的结果。

　　徽州文化的发达及其开放性，使之得以不断向周边的荆楚（湖南、湖北）、淮扬（江苏）、杭严（浙江）、饶赣（江西）地区主动地吸取文化精髓，从而进一步丰富和完善了自身的区域文化。

（袁　牧）

宏村承志堂内天井，木雕敷以金粉，精美华丽。

呈坎宝纶阁

小桥·流水·人家
——绍兴水乡拾趣

◇台门三千出越都
◇小桥流水伴台门
◇绍兴滨水万年台
◇寻古探幽话故居

中国民居

泱泱泽国（陈新摄影）

绍兴是中国的历史文化名城，是水乡、桥乡、酒乡、戏曲之乡。这里蕴含着极为丰富的历史积淀，留存下了浩如烟海的人类文化遗产，而作为悠久历史文化的物质承载体的绍兴民居，凝聚了千百年来越州的人文精髓，反映了其独特的人生哲理、技术观和美学观，引发了人们的关注与思考。

绍兴地处江南杭州湾南岸的宁绍平原西部、会稽山北麓，下辖绍兴县、诸暨市、上虞市、嵊州市、新昌县和越城区，人口稠密，为传统的鱼米之乡。绍兴历史悠久，文献记载汗牛充栋。相传4000多年前，"禹会诸侯于江南，计功而崩，因葬焉，命曰会稽。"春秋战国时期（前770—前221），绍兴为越国的中心区域，越王勾践（？

水平似镜（本章图片，除署名外，均由清华大学建筑学院资料室提供）

—前465，春秋末年越国国君）"卧薪尝胆"，励精图治，最终灭吴兴越。秦一统天下后，在此置会稽郡。南宋建炎四年（1130），自北方南下的金国（1115—1234）军队刚刚败走，高宗（1107—1187，名赵构，1127年即位，其后建南宋政权）以"绍奕世之宏休，兴百年之丕绪"之意，将次年改为绍兴元年（1131），并升越州为绍兴府，绍兴之称由此而来。

特定的地理与历史条件孕育出特定的文化圈，同时也加速了各地民居的定型。按地域来划分，绍兴位于浙江的古越文化圈的核心地带，是江南汉族文化圈的重要组成部分，这就决定了绍兴民居本质上是江南穿斗木构架结构体系中的一部分。从宏观角度上来说，绍兴民居与其他江南邻近地区如徽州民居、苏州民居有一些共性；从微观角度上来看，绍兴地区"水乡泽国"的地貌特征与历史文化的独特脉络赋予其民居强烈的个性。正是这种环境，孕育出丰富多彩的绍兴。这是一幅水乡"小桥、流水、人家"的生活图景。

台门三千出越都

绍兴民居的地域特征不仅体现在空间形态上，连冠名都有其个性。规模较大的住宅，一般称之为"台门"，但普通的草堂陋室就没有这个资格了。据说过去的绍兴城号称"台门三千"，鳞次栉比，一派江南繁华胜景。在平面布局上，台门一般沿入口纵向发展，一路设置屋宇如大门、厅堂、正屋、后堂，建筑主轴线两侧的厢房多为次要卧室、杂物间、厨房。每进屋宇之间用天井相联系，以解决建筑内部的通风采光问题，规模较大的台门往往达到五进，甚至更多。结合中国建筑传统的正南正北布局，绍兴民居平面往往呈现为南北

中国民居

台门的门罩

古韵犹在

狭长的矩形。出于防火防盗考虑，建筑对外较封闭，尤其是山墙面很少开窗，而建筑内部向天井敞开。

　　传统台门冠名方式名目繁多，大致分为四类：按官衔分，如御史台门、进士台门、尚书台门；按行业分，如轿店台门、锡箔台门、药店台门；按建筑特点分，如竹丝台门、铁板台门、八卦台门；按姓氏命名，如王家台门、张家台门、林家台门等。中国人向来保持着聚族而居的传统，每一座台门都记录了一个家族的兴衰，积淀了不计其数的历史故事，反映了社会结构的变迁。时至今日，许多台门已残破不堪，其原有房主不可复查，但弥漫在老台门中的生活方式与气息还是那么纯朴、亲切，使人感受到古越文化风韵犹存。

　　绍兴民居多为一至两层，平面布局并不一定沿建筑轴线严格对称，许多民宅的入口为正面侧边的弄堂，上面为二层的房间。人们

历经沧桑的张家台门　　　　　　　小巷深深

沿狭窄阴凉的弄堂而入，进入封闭的天井，顿觉豁然开朗。绍兴民居的设计者不受法则制约，因地制宜，灵活处理建筑布局，各个天井或大或小、或扁或长，拾阶而入，总会给人耳目一新的空间感受。对于规模较大的台门，其天井的二层周围常附建一圈连通的环廊，即俗称的跑马廊，构成了一个上下通透的空间体系。在这里，两层之间可以很方便地上下对话。

台门与台门之间通常是狭窄的巷道，这些小巷多为青石板铺路。每到梅雨季节，小巷在江南特有的丝丝细雨中向远方延伸，构成一幅烟雨朦胧的水墨画。道路两侧的山墙下部，即相当于在墙裙的位置，往往用石墙作为外墙材料，以保护里面的砖墙不被破坏。

比较讲究的台门有较多的木雕、石雕，这是民间工匠技艺的重要展示。木雕主要应用在门窗隔扇、斜撑等建筑辅助结构上，题材

建筑构件上的木雕

精美的石雕

包括吉祥图案、动物、历史人物等等，刀法细腻，动物、人物形态栩栩如生。木雕基本不施彩绘，有的保持木材本色，天长日久，逐渐褪为暗褐色；有的刷以黑漆，如隔扇，配上粉墙，别有一番古朴

乌篷船

【隔扇】
中国传统建筑中起间隔作用的木板墙，上部一般做成窗棂或糊纸。

【斜撑】
中国传统建筑中的建筑构件，位于梁柱相接处，民居中较常见。

韵味。石雕在门罩、屋脊上使用较多，多以装饰性小构件的形态出现。也有许多民居使用镂空的石雕花窗，图案多以线性纹样为主，衬托中心的文字或吉祥物，比例匀称，十分精美。

有学者提出，绍兴建筑艺术是"黑、白、灰"的艺术。的确，每当人们漫步在传统聚落内，迎面而来的是粉墙、黛瓦、青灰色的石桥、暗栗色的隔扇，再加上绍兴独有的"三乌文化"（乌篷船荡漾、乌毡帽覆顶、乌干菜香飘千家万户），一股静谧素雅的江南水乡气息扑面而来。三乌文化配合黑白灰的建筑空间，人们的

老绍兴

小桥、流水、人家

美学观也随之潜移默化，逐渐趋于含蓄、宽厚、博大，心灵也仿佛纯净了许多，远离浮躁，淡泊守志。在浓郁的水乡气氛中，老乡们呷上一口酒，划着乌篷船，显得那么悠然自得，一切世间琐事，似乎已抛在脑后。

小桥流水伴台门

绍兴民居的最大特点，就是民居聚落与水系、桥梁密不可分，三者之间存在着一种紧密共生的现象。这种现象源自几千年来古越人用水、治水以及随之形成的水文化观念，这些观念在建筑选址、水街空间格局等方面，都有典型的反映。

绍兴地区水网密布，有"水乡泽国"之称。该地原本属于第四纪沉积平原，在全新世遭到海水侵袭，后来海水下退，浅海成陆，留下了众多湖泊河流。如今，境内主要有汇入钱塘江的曹娥江、浦阳江和鉴湖水系；浙东运河东西横贯北部，与南北向河流沟通，交织成平原区河密率很高的河网水系。绍兴素以迷人的湖光山色著称于世，"越山长青水长白"，故有"千岩竞秀，百壑争流，水木清华，山川映发"之美誉。

古越先民在长期的生产实践中，掌握了一套利用和治理水系的先进方法，通过围坝筑堤、疏浚河道、开挖运河，使山洪漫流、海潮泛滥、沼泽连绵的宁绍平原一跃成为江南的鱼米之乡。先进的水利设施和优越的水利条件，使如今的绍兴有泽国之称却无洪涝之苦，人们在聚落选址时也首先考虑滨水地区，许多民居面河、背河甚至跨河而建。据统计，绍兴2500个自然村，百分之八十以上靠近水边，水街、水巷、水村、水乡在域内比比皆是。水对绍兴居民而言，既

一河两街

一河一街

是生产生活的要素,又是交通的网络;既是人居环境的有机组成部分,又是越文化产生、发展的源泉。

绍兴传统民居聚落多沿河而建,视陆路交通系统与水路交通系统的关系,可分为"一河两街"、"一河一街"、"有河无街"等形式。在人口密度较高的城镇里,一座台门的总进深基本上就是邻水街区的宽度,台门的建筑布局多采用前街后河的形式,即建筑背水临街的一面作为店铺,邻水的一面利用河埠进货。传统街道的宽度较窄,较适合于人们步行;而台门背面的河道用于行船,相当于现在的机动车道。看到这种高效率的古代"人车分流"的交通系统,令人不禁感叹古越先民的聪明才智。

"一河两街"、"一河一街"的传统聚落规划结构中,道路居于民居与河流之间,它既承担了陆路交通的功能,又是水路运输的进出口。后一职能是通过河埠头来实现的。绍兴的河埠头众多,有利于滨河居民生活用水和登舟,有些地段平均每4至5米就有一个,其密度之高,令人惊叹。在过去比较繁华的一些地段,如绍兴柯桥和安

昌,沿河的道路上往往设置长廊来遮风挡雨,称之为"翻轩长廊"。远远望去,深色的翻轩长廊在视觉上将临河错落的建筑统一起来,延伸向远方。

传统聚落中,有水必有桥。绍兴桥梁量大面广,据清光绪癸巳年(1893)绘制的《绍兴府城衢路图》所示,当时城内有桥梁229座,石桥五步一登、十步一跨,真可谓"无桥不成市,无桥不成路,无桥不成村"。如今,绍兴是中国保存古桥品类、数量最多的地区之一,包括木梁桥、木拱桥、浮桥、石梁桥、多边形桥、半圆形石拱桥、马蹄形石拱桥、椭圆形石拱桥等,构成了完整的古桥系列,被称为中国的"古桥博物馆"。

绍兴的桥梁与建筑在布局上是有机的整体,例如位于绍兴市城

翻轩长廊

区东侧的宋代八字桥,是国内现存最早的城市桥梁,"桥相对而斜,状如八字,故得名"。设计者独具匠心,将正桥架在主河上,副桥架在两侧的引桥下,这两座引桥下又建有两个方形桥洞穿越两条小河,全桥跨三河连三街,是名副其实的古代立交桥,在较好地解决交通问题的同时又不侵占建筑宅基地,实属难得。又如位于安昌的小石桥,桥的一侧引道伸入岸上的两栋民宅,从对岸看,建筑的形态、色彩都比较协调,形态上颇似桥头堡,与桥梁融为一体。

绍兴八字桥

安昌古桥

绍兴滨水万年台

绍兴是名闻遐迩的戏曲之乡,有传统的新昌高腔,有韵味十足的绍兴乱弹,还有中国第二大剧种——越剧。戏曲艺术的繁荣促进了戏台建筑的大量涌现,著名文学家鲁迅(1881—1936)的《社戏》对此有过生动的描述:"最惹眼的是屹立在庄外临河的空地上的一座戏台,模糊在远处的月夜中,和空间几乎分不出界限,我疑心画上见过的仙境,就在这里出现了。"在绍兴地区,古戏台有一个独

中国民居

戏台与社戏

特的称谓——万年台，象征着戏曲艺术永续不断的绵延和发展。

绍兴"万年台"通常位于某一建筑序列的中轴线上，正面对着寺庙或宗祠，中间围合的空间就是观众的戏坪。戏台平面布局分为前后两部分，前部分为通透的高台，三面可观后部分为较封闭的厢房，供戏班休息、化妆、摆放道具，并充当了舞台的背景。戏台正面一般须面对神座，背面则方便戏班通过水运上下搬运戏箱。在建筑艺术处理方面，戏台醒目位置处的建筑构件是工匠们大显身手之处，许多戏台雕梁画栋，纤细精致，十分精美。

绍兴古戏台包括滨水戏台、宗祠戏台、寺庙戏台。其中，最贴近百姓生活、最能体现水乡特色的还是要属散布于民间市井的滨水戏台。其选址多设在桥梁附近或桥头小广场，既节省投资又方便观众疏散，同时高耸的桥身也提供了绝佳的看台。绍兴古戏台是传统

滨水戏台（图引自《绍兴古戏台》，上海社会科学院出版社，2000年出版）

聚落整体环境中不可孤立的一个环节，它为绍兴乡民提供了基本的休闲娱乐场所，并通过戏文的说教向百姓宣传着封建社会的道德伦理；作为一种乡土文化，它还是表达乡民理想与愿望的方式。在建筑形式上，它充分展现了水乡建筑空灵、清秀的特点，通过与水道的千姿百态的组合关系，构成了水乡整体意境的有机组成部分。

　　根据戏台与建筑基地周围环境、河流、道路的关系，滨水戏台分为四种：三面临水、跨河而立、跨街而立、河心设置。其中最常见的是三面临水的戏台，如绍兴县马山区安城戏台。当戏坪用地狭窄时，戏台便建在水上，三面临水，一面傍岸，戏台正面通常面向河岸，不过也有戏台侧靠河岸甚至是背向河岸的特例。为什么戏台要采取这种形制呢？究其原因，绍兴传统聚落公共空间多以线性的街道为主，少有面状的广场，对于戏曲演出来说，难以保持大面积的戏坪，因此将戏台退筑于水面，可以容纳更多的观众。

　　在陆上建筑用地较局促而邻近的河道又较窄的地方，戏台往往直接建在河上，如绍兴南门南山头龙锦庄戏台，戏在台上演、舟在台下游，浓郁的水乡风情呼之欲出。跨街而立的戏台是最有意思的：

平时为街亭，需要演戏时加上台板，也算因地制宜，一物多用。比如绍兴土谷祠戏台，至今还保留完好。河心设置的戏台往往是鉴于某些特殊的场合设置的临时建筑，如鲁迅先生在《社戏》中描写的水上戏台。

寻古探幽话故居

绍兴向以"鱼米之乡"著称，更以"人杰地灵"、"名人荟萃"闻名。悠久的名人文化留下了众多的名人故居，如吕府、青藤书屋、鲁迅故居、三味书屋，还有中国古代著名书法家王羲之（321—379，一说303—361）故居、中国近代民主革命家秋瑾（1875—1907）故居和徐锡麟（1873—1907）故居、现代著名的教育家蔡元培（1868—1940）故居等等。其中既有气宇轩昂的民居府邸，又有墨香四溢的文人书屋，更有散发着绍兴传统魅力的滨水宅院。这些名人故迹

掩映在绿色中的徐锡麟故居

一井、一凳、一门、一池、一藤

星罗棋布地散落在古越大地上，向世人述说着绍兴辉煌的过去，又昭示着其美好的未来。

绍兴著名的吕府是民居府邸的典型代表，为明嘉靖年间（1522—1566）吏部尚书吕夲府第。吕府东起万安桥，西迄谢公桥，南起新河弄，北至大有仓；内辟两条南北向"水弄"和一条东西向"马弄"。建筑由十三座厅堂排列组合而成，世称"吕府十三厅"。沿入口拾阶而入，沿着中央轴线自南而北依次为桥厅、四厅、五厅，左右两条纵轴线各有五座建筑。吕府天井宽大、厅堂宽敞、用材结实，体现了明代南方官式建筑的一些特征；同时，它地处水乡，又融入了绍兴民居清新明快、优雅简练的特征。

青藤书屋为园林式民居建筑的典型代表，面积不及两亩，环境清静，优雅不俗，人文气息强烈。该书屋是明代著名书画家、文学家徐渭（1521—1593）的出生地和读书处，明末清初大画家陈洪绶（1598—1652）也曾慕名寓居于此。书屋为石柱砖墙硬山造平房，木格花窗；共两室，前室南向，内悬徐渭画像及其手书"一尘不到"，并有陈洪绶题"青藤书屋"匾；南窗外天井内有一"天池"，徐渭称其"深不可测，水旱不涸，若有神异"；池西粉墙衬青藤，在几缕阳光照耀下，树影婆娑，使原本枯燥乏味的大面积粉墙顿时有了生气。这一井、一凳、一门、一池、一藤，形简意赅，充分展现了绘画大

中国民居

师不同凡俗的艺术品位和造园技巧。

鲁迅故居、三味书屋、百草园和鲁迅祖居是中国一代文豪鲁迅（即周树人）的出生、成长之地，真实地再现了鲁迅青少年时期绍兴普通民居的面貌。鲁迅曾在许多著作中对这些地方作过生动的描述，如人们耳熟能详的《从百草园到三味书屋》。三味书屋是清末绍兴城里著名的私塾，鲁迅12岁至17岁在这里求学。鲁迅故居和三味书屋均为粉墙黛瓦、墨漆梁柱，风格朴素、色彩淡雅，集中地体现了清末民初绍兴传统民居的空间形态。百草园在鲁迅故居的后面，原是新台门周姓十来户人家共有的一个菜园，鲁迅童年时常来玩耍，品尝紫红的桑椹和酸甜的覆盆子，在矮矮的泥墙根一带捉蟋蟀、拔何首乌。这些童年的趣事在鲁迅的心里留下美好而难以磨灭的印象，也让人们有机会从儿童的视角去体味旧时传统聚落中的生活。

绍兴民居是古越先民基于对水乡环境的深刻认识而营建的充满诗情画意的人居环境，是一组动人的生活场景，更是一种经年累月延续下来的高品位文化。

（郁　枫）

三味书屋正门侧视

崇文尚武·外适内和
——闽西土楼揽胜

◇ 客属祖地
◇ 土楼掠影
◇ 追本溯源
◇ 情理共生

中国民居

　　福建西部群山环绕，这里仿佛是人间梵土、世外桃源，远离大城市的喧嚣，也远离工业文明的浮躁。对于这片土地，许多现代都市百姓最熟悉的是旖旎秀美的武夷风光，然而，它还有更重要、更神圣的意义——这里是全球几千万客家人的祖地，是他们魂牵梦萦的故里。此外，受特殊的历史环境与地理环境的影响，闽西地区孕育出了一种名为"土楼"的独特建筑形式，着实让人赞叹不已。

　　土楼，从字面来理解就是以土为材料建成的房屋，按专业的说法可称之为生土建筑。闽西土楼的施工方法主要是将未经焙烧的黏土和砂土按比例混合，再用灰板墙夯筑制成坚固的墙体，梁柱等构架则用木料建成。

　　闽西土楼数量与类型繁多，形态别具一格，在中华民居的大家庭里独树一帜，其知名度自从20世纪80年代以来逐步扩大。1986

群山怀抱中的土楼

夯土施工技术

年,中国邮电部曾发行过一组民居系列邮票,其中一元面值的福建民居邮票的主题就是客家土楼中的承启楼(该邮票被评为当年世界最佳邮票)。时至今日,曾经"隐居"在深山中达几个世纪的闽西土楼,转眼间变成了旅游资源和学术研究的富矿,成为社会关注的热点。

客属祖地

谈到土楼就不能不提及客家。闽西地区南部的众多客家人以土楼为宅,现存许多重要的土楼也位于客家聚居区。客家人是汉民族的一个分支,约占汉族人口的6%。客家人祖籍中原,西晋(265—317)以降,中原汉人受战乱影响逐步南迁,历经多番周折,一部分人迁徙到今天的江西、广东、福建三省交界地区,与当地民族经过漫长的融合,最终形成了客家民系。"客家"一词,就是相对"土著"而言的。由于地理环境较好的平原地区早已为其他汉民系所占据,客家人只能定居在赣南、闽西、粤东这一多山的地区,因此造就了今天"逢山必有客,无客不住山"的现象。

今天,赣南、闽西、粤东地区在中国行政区划上虽属三个不同的省,但在历史上却属于同一个地理文化圈,是客家人的大本营,该

地域普遍多山、偏僻。闽西客家人主要聚居于宁化、清流、上杭、长汀、永定、连城、武平七个纯客家县，此外，还聚居于客家人与汉族其他民系混居的非纯客家县，包括明溪、顺昌、建宁、泰宁、邵武、光泽、崇安、龙岩、南靖、平和、诏安共11个县。

然而，不是所有的客家人都住在土楼里。土楼作为一种居住建筑，并不是客家人住宅的唯一形式，闽西、闽南地区一些非客家区域也有土楼分布。中国学者提出，土楼主要分布在福建的闽客交界地带——闽西南的龙岩、永定、南靖、平和、诏

闽西客家地区分布图（图引自《闽西客家》，生活·读书·新知三联书店，2002年出版。本章其他图片为清华大学建筑学院资料室提供）

安、云霄、漳浦、华安等县和粤东北的饶平、大埔等县，尤其集中于福建永定县、南靖县和粤东部分地区，其他地区则较少有这类土楼，特别是圆形土楼。这种现象缘于土楼所在地区的地理文化背景。

历史上，闽西客家大都是从邻近的江西省迁入，即由北向南、由西向东进行迁徙。因此，闽西客家地区的西北部为客家文化的核心

崇文尚武·外适内和——闽西土楼揽胜

【福佬人】
为汉族的民系之一,大都分布在闽南各地和闽西的龙岩、漳平一带,说闽南语系的福佬方言。

区域,这一带明清时期为汀州府辖地,而汀州府的府治长汀就位于闽西客家地区的西北部。同样,"客家发祥地"石壁、商贸重镇四堡也位于这一区域。在这些最核心的客家文化区中,多层土楼却较少见,较常见的是类似中原的庭院式建筑。倒是往南,即客家人与其他民系如福佬人混居的区域,土楼则大量出现。明清时期,这一带族群纷争激烈,械斗时有爆发,史书上称之为"寇盗"和"匪患"。在严峻的形势下,当地的客家人和福佬人不得不调整原有的生活方式,住进了防御功能较强的土楼。据此可以得出结论,土楼文化只是灿烂的客家文化的一部分,是一种在特殊的背景下孕育出的人居环境和生活方式,并非客家文化的全部。

南靖县壮观的圆土楼群

土楼掠影

闽西土楼给人第一眼的震撼印象就是那庞大的建筑体量,这在中国民居中是不多见的。尽管其他民居也不乏大规模的建筑,但大多都是将建筑体量化整为零,以其局部的丰富性展现在人们面前。土楼则不然,形体单纯、几何感较强,常为圆形、方形,也有椭圆、八卦、半月、多边形平面的。此外,有一种屋顶檐口高低错落、名为"五凤楼"的,其形态变化较多,则应另当别论。

有趣的是,在古代世界,许多几何形象突出的建筑大多具有纪念或祭祀功能,如希腊的帕提农神庙、埃及的金字塔、中国的天坛等,它们容易使人产生一丝神秘感。出于防御的需要,土楼外观状如堡垒,形体独特,因而也具有一种神秘感,总有一种让人想步入其中探个究竟的吸引力。

椭圆形土楼平面图

土楼一般为二到六层,一层基本不开窗,二层以上开少量的小窗,军事防御色彩浓厚。在建筑功能布局方面,通常一层为厨房、餐室,二层为物品储藏,三层以上为卧室。土楼外层墙体的基础常厚达3米,底层墙厚1.5米,向上依次缩小。外墙内部是用木板分隔成的众多房间,再往内为走廊,核心中部为宗祠、私塾或戏台。虽然土楼对外极其封闭,但进入内部则完全是另一番天地:所有房间通过连廊向内开敞，形成一个富有人情味的"中庭"。在土楼内漫步时，还时常可以见到楹联、字画。因此，用"崇文尚武，外刚内柔"来形容土楼，恰如其分。

闽西土楼形态万千，其中量大面广的是方楼、圆楼和五凤楼。

方楼在永定分布最广，结构简单，平面或正方形、或长方形、或"目"字形。目前所知最大的方楼是永定县高陂镇的"遗经楼"，建于清咸丰元年（1851），建筑面积4000余平方米，经三代人费时70多年建成，当地人都称它为"大楼厦"。外墙东西宽136米，南北长76米，设一个正门、两个侧门。楼体分为四个部分，其中北部后楼五层，其他左、右、前三面为四层，四部分围合成一个"口"字，内部还有一个"口"字

土楼楼顶层出挑的阁楼，便于向下射击。

方楼雄姿

中国民居

土楼掠影

闽西土楼给人第一眼的震撼印象就是那庞大的建筑体量,这在中国民居中是不多见的。尽管其他民居也不乏大规模的建筑,但大多都是将建筑体量化整为零,以其局部的丰富性展现在人们面前。土楼则不然,形体单纯、几何感较强,常为圆形、方形,也有椭圆、八卦、半月、多边形平面的。此外,有一种屋顶檐口高低错落、名为"五凤楼"的,其形态变化较多,则应另当别论。

有趣的是,在古代世界,许多几何形象突出的建筑大多具有纪念或祭祀功能,如希腊的帕提农神庙、埃及的金字塔、中国的天坛等,它们容易使人产生一丝神秘感。出于防御的需要,土楼外观状如堡垒,形体独特,因而也具有一种神秘感,总有一种让人想步入其中探个究竟的吸引力。

椭圆形土楼平面图

土楼一般为二到六层,一层基本不开窗,二层以上开少量的小窗,军事防御色彩浓厚。在建筑功能布局方面,通常一层为厨房、餐室,二层为物品储藏,三层以上为卧室。土楼外层墙体的基础常厚达3米,底层墙厚1.5米,向上依次缩小。外墙内部是用木板分隔成的众多房间,再往内为走廊,核心中部为宗祠、私塾或戏台。虽然土楼对外极其封闭,但进入内部则完全是另一番天地:所有房间通

过连廊向内开敞,形成一个富有人情味的"中庭"。在土楼内漫步时,还时常可以见到楹联、字画。因此,用"崇文尚武,外刚内柔"来形容土楼,恰如其分。

闽西土楼形态万千,其中量大面广的是方楼、圆楼和五凤楼。

方楼在永定分布最广,结构简单,平面或正方形、或长方形、或"目"字形。目前所知最大的方楼是永定县高陂镇的"遗经楼",建于清咸丰元年(1851),建筑面积4000余平方米,经三代人费时70多年建成,当地人都称它为"大楼厦"。外墙东西宽136米,南北长76米,设一个正门、两个侧门。楼体分为四个部分,其中北部后楼五层,其他左、右、前三面为四层,四部分围合成一个"口"字,内部还有一个"口"字

土楼楼顶层出挑的阁楼,便于向下射击。

方楼雄姿

中国民居

形建筑,构成一"回"字形的总体布局。建筑中心为祖堂,前楼左右各伸出两翼建筑,作为学堂供子弟读书。

　　圆楼是闽西土楼中最出名的一种,它在世人眼前的亮相使得隐藏在山沟中达几个世纪之久的土楼顿时声名大噪。圆楼的形态分为单环、多环、甚至还包含圆形套方形的平面布局。多环楼较为常见,其平面为一圈圈的同心圆,楼体外高内低,楼内有楼,环环相

遗经楼正门

遗经楼内庭

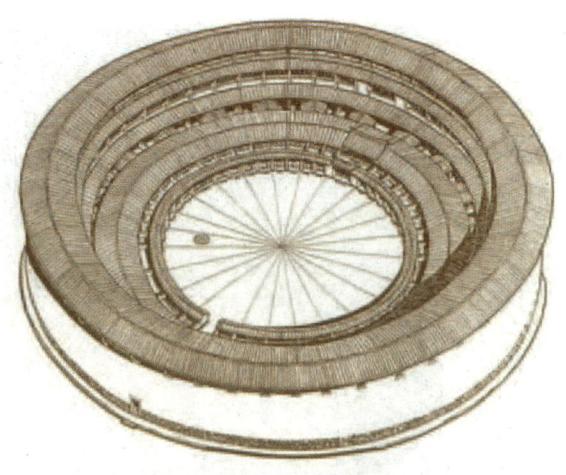

典型多环圆楼

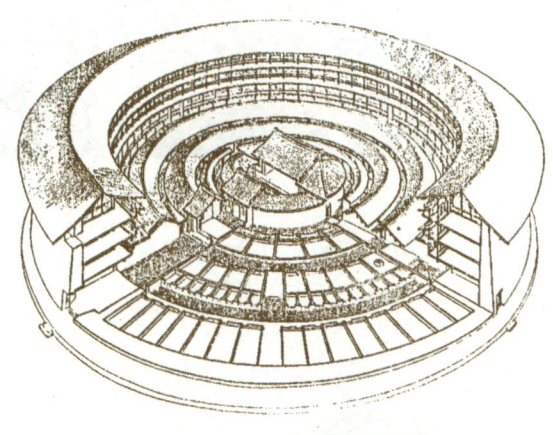

典型多环圆楼

套,中心一般是祠堂,是所有族人进行重大活动的公共场所。据不完全数据统计,永定县现存圆楼有360多座。其中包括年代最久、环数最多的"承启楼",直径最大的"深远楼",直径最小的"如升楼"等等。

承启楼位于永定县高头乡,其直径73米,走廊周长229.34米,规模之巨大令人惊叹。全楼共有400个房间,有居民60余户,400余人;1981年该楼被收入中国名胜词典,号称"土楼王"。承启楼的平面布局为三环一中心,外环四层,每层有72个房间;第二环二层,每层有40个房间;第三环为单层,有32个房间,中心为祠堂。民间对它的描述"高四层,楼四圈,上上下下四百间;圆中圆,圈套圈,历经沧桑三百年",直观地展现了它的特征。

五凤楼是闽西土楼中比较特殊的一类。关于"五凤楼"名称的来由,有多种说法。有人说"五凤"分别指五种不同颜色的"鸟",并象征着东、南、西、北、中五个方位;也有人说五凤楼屋顶檐口多为五层叠,犹如展翅的凤凰,因而得名。不论哪种说法正确,有

中国民居

一个现象很明显,五凤楼在土楼中是最接近中原院落式民居形态的。五凤楼多处于客家文化的核心地区,较多地反映了中原礼教文化的影响,是一种中原四合院式民居在福建特定环境下衍变的产物。在形象上,五凤楼端庄方正,高低错落,其正面形象的气势略像北京故宫中的午门。而故宫午门上的建筑被老北京们俗称为"五凤楼",不知是否为某种巧合。

五凤楼的典型建筑特征为:三堂两横、轴线明显、面山背水、前低后高。所谓"三堂两横",三堂是位于中部南北中轴线上的下堂、中堂和主楼,两横是分别位于两侧的纵长方形建筑。这种院落式布局与中原非常相似,但五凤楼建筑基地喜欢挑北高南低的山地斜坡,使得整个建筑群落由南至北呈阶梯式升高,从正面看屋顶呈现出层

饱经沧桑的承启楼

气宇轩昂的五凤楼

五凤楼之屋顶,如展翅凤凰、如登科天梯

层跌落的效果,气势非凡。五凤楼所在地区礼教兴盛,族人大都盼望子弟通过读书考取功名,为本族争得荣耀。鉴于五凤楼大门口常有匾书"大夫第"三字,因而也有人把五凤楼称之为"大夫梯式"土楼。这种匾额除了具有标明显赫身份的作用,还寄寓着土楼主人的期望:祈愿子弟们能够通过这"大夫梯"步步高升、出人头地。

永定县湖坑镇洪坑村"福裕楼"就是一栋典型的五凤楼。该楼由林氏三兄弟于公元1880年开始兴建,占地面积7000余平方米。福裕楼在主楼的中轴线上前低后高,两座横屋处于两厢,楼前有三个

福裕楼

中国民居

振成楼内厅,中西合璧,相得益彰。

大门、主楼和横屋在外观上结合紧密。楼门坪和围墙用当地河卵石铺砌,施工精巧,与周遭环境融为一体。该楼外形像三座山,隐含房主三兄弟"三山"之意。

至于其他形态的土楼,平面布局同样丰富多彩,如椭圆形、半月形、多边形等等。有一种"八卦楼"值得一提:这不是一种简单的八边形,而是一种蕴涵深厚的中国传统文化符号。在闽西,土楼的选址定位、降魔祛邪均离不开八卦,但是有些土楼直接将八卦形象用于建筑平面的构建,这就是"八卦楼"的由来。某些八卦楼平面呈现为标准的八边形,如广东饶平县三饶乡南林村的"道韵楼";也有些八卦楼外表为圆形,只是在平面布局上运用了八卦的思想,因而将这些楼归类为圆土楼也未尝不可。这种土楼的典型实例为永定县湖坑镇洪坑村的"振成楼"。

振成楼为林氏家族于1912年建成,占地5000平方米,平面分为内外两圈。外环楼为圆形,高四层,依据八卦分为八部分,每卦6间,每层共48间。楼体的每卦设一楼梯,作为一个独立的单元,卦与卦之间是封火墙,并以拱门相通。一卦失火后将门关闭,便不会殃及全楼;此外,当盗贼进入楼内,关闭该卦的拱门,便可瓮中捉鳖。内环楼为两层,建筑中运用了许多西式建筑风格,如走廊的铸铁栏杆、石柱石梁、花瓶栏杆,以及大量运用柱式等等,土洋结合,精致美观。这些西方文化的引入是与房主林氏家族在外地经商致富、接触到较多的西方文化密不可分的。楼内有一厅、二井(象征"八卦"中的阴阳两极)、三门(象征八卦中的"天、地、人")和八个单元(八卦),可见建造者的匠心独运。振成楼中西合璧,1995年,该楼的建筑模型被选送参加美国洛杉矶世界建筑展览会,引起轰动,被誉为"东方建筑明珠"。

追本溯源

浏览土楼的多姿多彩后,让人不禁萌发一些念头:这些土楼从何而来,为什么会演变成今天这种形象?这是一系列复杂的问题,许多学者也有不同的看法,下面介绍几种主要的观点。

土楼的木构架体系

首先,聚族而居是土楼的一个基本特征,这一点与中原汉民族的传统生活方式完全一致。土楼中宗族氛围浓厚,设施齐全,俨然一个小社会。族长通常为德高望重的长者担任。土楼平面对称,有着明确的建筑核心,体现了强烈的等级思想。这种布局适合中国传统的宗法观念,也适合聚族而居的管理和控制。在技术层面上,土楼建筑虽然大量运用夯土技术,但并未脱离中原的木构架建筑体系,可以说是华夏建筑文化的支脉。

尽管客家人的祖先是中原汉人,但在漫长的迁徙过程中,他们的文化如语言、服饰、生活习惯不可避免地与南方原住民相互交流,相对于中原正统文化来说产生了变异,加之山高皇帝远,许多客家聚落的管理模式形成了类似于少数民族的自治状态,倾向于"土著化"。因此,尽管客家人自我强调为汉族子孙,但古代中央统治者却未将客家人与其他少数民族区别对待,一律定义为"南蛮",进行政治压迫、军事讨伐和文化歧视,这使客家人产生了较强的自我防御意识。此外,当地族群混杂,冲突不断,而当地政权的管理力度有限,为安全计,众多的客家人只好居住在堡垒似的土楼中。

至于圆土楼的出现,研究土楼的学者提出,圆楼起源于靠近闽西客家地区的闽南漳州地区,客家人学习到了这种营建方法并大量使用,因而今天客家与闽南地区都有圆楼分布。历史上,漳州地区战乱频繁,产生了大量的位于山顶的圆形城堡和山寨,最终演变成圆土楼。客家人原先住在最接近中原住宅的五凤楼中,在东迁的过程中,即在闽客交界地

漳州各县散布的山寨遗址

漳州地区锦江楼，状如碉堡。

区，为了生存安全，他们借鉴了漳州土楼的做法，其住宅形态逐渐简化、防御性逐渐增强，经历了"五凤楼—方楼—圆楼"的演变过程。

此外，一些学者倾向于从文化意向上解释圆楼的起源。他们认为圆楼的设计者为了求得吉祥如意、平安富贵，将八卦、太极图融于建筑营造之中，最终演变为圆形平面，如前文提到的振成楼就是一例；中华民族传统的天圆地方观念也对圆土楼的形成有一定的影响；同时，圆楼体现了聚族而居的向心团结精神，有利于人们构建抵御外来侵害的心理防卫系统。

情理共生

除了"崇文尚武"，闽西土楼还有一个明显的特征——"情理共生"，体现为人与人、人与聚落环境之间的有机整合、亲密共生的关

聚族而居，其乐融融。

系。在本文中，"情"意味着感性，侧重于人文精神层面，可引申为"情态观"；"理"则意味着理性，侧重于物质技术层面，可引申为"生态观"。传统农业社会中，良好的"情态"体现为聚族而居的温馨的人际关系、崇文重教的传统家族血缘与邻里地缘、重视归宿、和谐的美学思想、"礼"的道德崇尚等等；良好的"生态"则体现为建筑顺应自然、维持区域环境的生态平衡、注意保土节地、保护生态林等等。

　　在情态方面，土楼中民风淳朴，人们朝夕相处，团结友爱，保持着聚族而居的生活方式。乍一看，土楼的建筑格局有些类似于当代的宿舍，但楼内处处体现出的亲密的血缘关系和手足之情，却是当代集体宿舍不可同日而语的。在崇文重教方面，客家人有优良的历史传统，众多土楼内那数不清的祠堂、书屋、匾额、字画，都在无声地叙述着这一事实。例如文化价值极高的振成楼，该建筑引入了"八卦"营建思想和欧式建筑风格，中西合璧。楼内文化氛围浓厚,处处楹联题字,其中"振作哪有闲时,少时、壮时、老年时,时时须努力;成名原非易事,家事、国事、天下事,事事要关心",以及民国初年北洋军阀政府总统黎元洪(1864—1928)的"里堂观型"、"义声载道"等匾额题字,点化了振成楼的哲理和伦理。

坐落于新南村的"衍香楼",也是一座典型的书香门第。该楼是一座圆形土楼,四层共136间,按八卦思想营建。该楼主人苏氏家族不懈耕读、文风鼎盛,出过不少秀才、举人。衍香楼之名取"繁衍子孙昌盛发达,书香门第世代流传"之意,楼外大门上书"大夫第",两旁对联是"积德多蕃衍,藏书发古香",横批是"诗礼传家"。在其他土楼中,这样的例子数不胜数,如适中镇的"瑞云楼"、南靖县梅林乡的"怀远楼",都体现了土楼中尊文重礼、和睦共居的生活方式。

土楼内部适宜的微气候环境

中国民居

在生态方面，闽西土楼作为生土建筑，较好地体现了人在利用自然进行发展的同时，尽可能减少对自然的破坏的生态思想。土楼不用烧砖，不毁耕地，取之于土，还之于土。同时，具有厚土墙的生

南靖县怀远楼

土建筑在建筑热工学上有一定的优点，如蓄热能力强、热阻大，因而土楼室内环境冬暖夏凉，无论酷暑严寒，总给人四季如春的感觉。此外，土楼的环形建筑布局构成了有利于拔风的大天井，并通过门窗、走廊的合理组合，形成了一个适宜居住的微气候环境。民间称赞土楼"火烧不透，炮轰不垮，虎狼难进，地震不倒"，以我们今天现代文明的眼光看来，土楼确实具有良好的科学合理性，也体现了朴素的生态环保观。人们不禁感慨，伟大的闽西先民，在恶劣的生存环境下，运用自己的劳动智慧发展出这样一种"情理共生"、至今神奇依旧的乡土聚落，这种创造力、开拓精神实在是难能可贵。

如果把土楼内人际间的和谐情态归结为"内和"，把土楼与外部生态环境的良好互动归结为"外适"，那么土楼"情"、"理"共生，"内和"、"外适"兼备，岂不是让后人耳目一新之外，又多了一份心灵的启迪？

（郁　枫）

中西合璧·多元混杂
——五邑侨乡猎新

◇碉楼矗立·侨史见证
◇骑楼蜿蜒·鳞次栉比
◇侨乡祠堂·风采依旧

中国民居

西式柱廊与中式屋顶的混杂（本章图片为清华大学建筑学院资料室提供）

在广东五邑地区有许多造型和装饰与中国传统建筑迥然不同的、具有鲜明异域文化色彩的民居建筑。举目四望，罗马式、哥特式、拜占庭式、伊斯兰式、中国传统式，各种风格交错混杂，千姿百态，这种独特的景象，源于当地独特的历史背景。

五邑地区是中国著名的侨乡。清朝末年至民国初年，大批五邑子弟为了生计侨迁海外。1999年的统计数字显示，五邑旅居海外的华侨、华人和港澳台同胞共有360万人，分布在世界五大洲100多个国家和地区。这些华侨在异国不仅给家乡带回了巨额的财富，还将西方的新思想、新观念引入中国，其中就包括了西方的建筑文化和建筑技术。这促使侨乡的中国传统建筑风貌与外来文化相融合，形成了今天五邑民居中西合璧的地域特

村落中的碉楼民居群

点。

五邑不是一个独立的地名,而是广东省新会、台山、恩平、开平、鹤山五地的俗称,这五地在今天属于广东省中部的江门市行政区划内的四市一区。为什么人们总是把五邑作为一个整体来提及,而不是分别称呼五个地名呢?实际上,五邑已不仅仅是一个地理概念,它更多地反映了一种地域文化,反映了具有相同文化属性的人群的生存环境。这种文化是在"五邑"这个地域范围内经过漫长的历史时期孕育出来的、有别于岭南其他地方的文化理念,具体体现在五邑地区共有的方言、历史、地理气候环境中。民居是地域文化的生动的物化体现,因此,五邑民居在整体上具有许多共性,侨乡文化的特殊性也深深地渗透其中。

碉楼矗立·侨史见证

在侨乡,给人印象最深刻、最能反映地域特色的建筑就是散布于村落乡野之间的碉楼民居。碉楼,顾名思义,就是像碉堡一样的楼房,其主要目的是保家卫村,防止匪盗的侵袭。一旦有紧急情况,人们都搬到碉楼居住,以保安全。碉楼上

侨乡台山的石楼,造型优美、比例和谐。

中国民居

部大多有外挑式回廊,以方便楼内住户居高临下,向外进行防御射击。碉楼一般坐落在村落的后面和两侧,位于全村的制高点,每村少则两三座,多则七八座。五邑各地都有大量碉楼,其中以开平碉楼现存数量最多。据不完全统计,2000年开平仍有碉楼1400多座。

碉楼这种建筑形式起源较早。清初,开平县一带的村落就有这种特殊的建筑了。到20世纪初,由于海外侨资的大量汇入,很多侨眷的经济条件得到较大改善。仅台山县1929年以前每年的侨汇就高达1000万美元,1929年以后则上升到3000万美元。与此同时,侨乡社会治安条件逐渐恶化,侨乡富户成为匪盗的"财源"。土匪横行乡里、打家劫舍、掳人勒财,民众只好自发组织起来,建立碉楼,以求自保。今天,碉楼的防御功能虽然失去了现实意义,但碉楼建筑见证了历史的沧桑,营造了独特的历史氛围,具有一种异域的美感,为地域化的民居建筑作出了另类的探索。

五邑碉楼一般为三

开平境内的敬寿田楼

大门门框上精细的线脚

到六层，个别高达七到九层，平面基本为方形，立面造型分为三段：楼体、出挑层和屋顶。楼体处于建筑下方，出于防御目的，墙体坚实而厚重，开窗较小，并布有许多枪眼。受防御功能要求制约，楼体形体较为简洁，大片实墙面带来了强烈的体量感和封闭感，但是这毕竟不是真正的碉堡，而是生活的空间，因而也要体现对美的追求、对生活的热爱，如窗洞上方的精致的窗套线脚。碉楼坚实的楼体上方是相对空灵的挑出部分，用于瞭望警戒、对外攻击等用途，回廊的墙面和挑出的楼板都凿有梯形小洞，作枪眼用。从形态上看，一些出挑层的角部呈筒状，一些则像八角形的"燕子窝"，更多的是欧式的柱廊。出挑层除具有军事意义外，还有建筑学上的美学意义和生态意义。在美学上，通透的挑廊与下部封闭的石墙相互映衬，构成虚实对比；在生态学上，开敞的廊道利于通风除湿，有利于改善人们在岭南潮湿闷热的气候下的生活环境。碉楼的屋顶是其最精华的部分，它们大都建在方形或多边形的基座上，形成

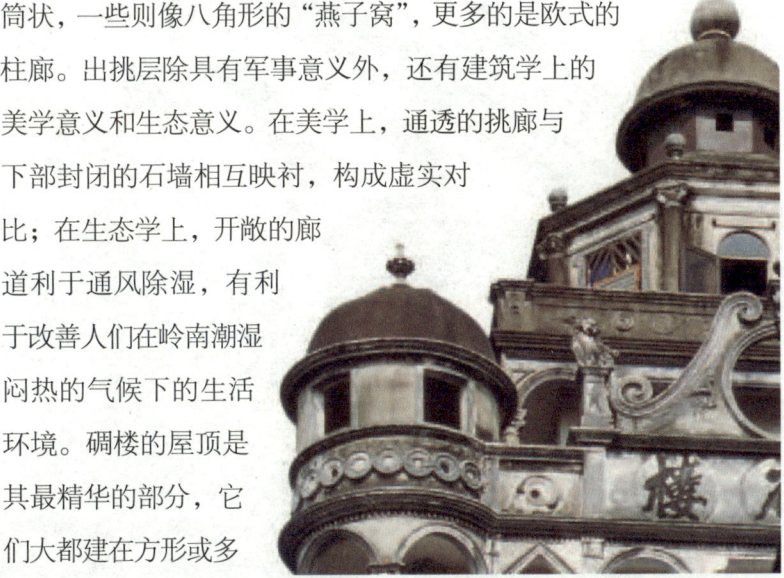

石楼的屋顶为变形的拜占庭风格，形态多姿多彩。

中国民居

丰富多彩的天际线。

从建筑材料和建筑结构形式来看，碉楼民居可以分为泥楼、青砖楼和钢筋混凝土楼三种。泥（夯土）和青砖都是中国民居传统的建筑材料，而钢筋混凝土楼则是西方文化影响下的产物。这批碉楼多建于20世纪二三十年代，是华侨和侨眷借鉴各国的不同建筑风格，采用当时最先进的材料和施工技术自行建造的。它们充分体现了古今中西多元文化的交融与碰撞。

在侨乡，另一种楼房民居"庐"同样吸引着人们的目光。"庐"是经济条件较好的华侨建造的楼房住宅的雅称，类似于现代概念上的别墅。庐通常为二至三层，一般选址于村周围环境优雅的地方，其

中式的花纹栏杆与西式的券柱，构成了奇妙的组合。

"庐"式建筑上同样体现了中西建筑文化的碰撞。

建筑的外观设计和结构都比较自由灵活,较适于人们生活居住。同碉楼相比,由于其结构形式、建筑材料的一致,庐的外观与碉楼有相似之处,但层数较低,开窗较多,使墙身的防御功能减弱,生活气息增强。此外,庐的出挑层已由碉楼传统的挑廊逐步演化成凹廊空间,其空间效果和比例更加合理。

骑楼蜿蜒·鳞次栉比

如果说碉楼是五邑农村地区民居文化的代表,那么骑楼则是五邑城镇地区民居文化的代表。城镇是商品货物的交换与买卖集散地,有城镇,就有商业活动。过去很少有大型的专业化的商业设施,以下商上住、前商后住的商住楼居多,因而这种商住结合的骑楼成为岭南城镇中

开平塘口镇商业街,建筑物从上至下呈明显的三段式划分。

立面上凸出阳台的骑楼

典型的民居类型。

骑楼一般为两至三层,第一层正面为柱廊,众多建筑的柱廊串联起来,就构成了公共的人行交通通道。华南地区炎热多雨,为了给行人遮阳避雨,人行道上往往加以柱廊覆盖。随着城镇的繁荣,柱廊的上部也加建了房屋以扩大建筑面积,就形成了最初的骑楼。骑楼的设置有利于购物,也促进了商品的营销,受到了商家和顾客的欢迎。骑楼这种建筑形式,是引入国外"拱券柱廊"的建筑风格,与中国南方的气候条件、经济活动相结合的产物。可以说,骑楼在"出生"时,就具有明显的混血特性。如同碉楼一样,它也是中国传统文化与西方异域文化的"混杂共生"。

骑楼建筑自下而上大体分为三段:柱廊、楼体和顶部山花。柱廊段混杂了中西各种柱式:有的柱头装饰风格取自于古希腊罗马柱

骑楼顶部山花和墙身　　　　　　　风格迥异的骑楼顶部

式，有的是简单的中国式的圆柱或方柱。楼体部分有三种做法：一是在实墙上开窗，并附加上许多或中或西的装饰；二是凹空作外廊，大量采用古希腊、罗马柱式，也有伊斯兰风格的尖拱券廊等；三是挑出做阳台，阳台的平面形状和栏杆样式千变万化，有方形的、弧形的、折线形的，阳台的栏板部分有在实体上做雕花图案的，也有用预制件做成通透的栏板的，还有铁花栏杆。骑楼的屋顶部分更是千姿百态，大部分采用一些简化了的西洋巴洛克风格、洛可可风格的造型图案，甚至包括将西洋亭榭微缩至建筑之上的做法。

　　骑楼大都位于繁华集镇的商业街，因而其布局方式基本上是沿着街道呈线性布局排列。城镇的高地价促使骑楼的建筑平面形式朝着小开间、大进深的趋势发展，这些建筑的通风、采光、给水、排水、交通都在建筑内部自行解决，主要依靠天井、厅堂和廊道。这种高建筑密度的布局手法看似不好，实际上对于当地气候具有很强的适应性。岭南地区夏季炎热、日照时间长，高墙窄巷使大多数地方处于建筑阴影之中，再加上深幽的天井所具有的良好的拔风效果，给居民带来丝丝凉意。

中国民居

荻海镇贯通全镇的骑楼商业街

漫步在骑楼之间，人们最直接的感受就是那蜿蜒骑楼体现出来的一种整体感，换句话说，就是具有良好的视觉连续性。这主要得益于每栋建筑立面的小尺度的反复重复所形成的韵律感，即"鳞次栉比"的效果。尽管街上每一个骑楼的店面、开间都不一样，但骑楼的层数、层高大致相同，店铺开间尺寸相近、色彩协调，构成一幅繁华的商业图景。这一民众自主营建的建筑组群不愧为传统社会的"城市设计"，让现代建筑师都赞叹不已。

从城镇景观方面，骑楼中各种文化的"多元混杂"带来各种各样互不关联、甚至是互相矛盾的事物，构成了戏剧般的生活场景。各种建筑交错混杂，招牌幌子各式各样，小摊主的叫卖，琳琅满目的商品，一切都显得那么杂乱，同时又显得那么富有活力。正是这种"混杂"所带来的生气和活力，使街道充满了幽默感和生活情趣。

开平赤坎镇的骑楼商业街，处处洋溢着一种充满生气的"混杂"。

侨乡祠堂·风采依旧

侨乡建筑多元混杂的特点不仅体现在普通民居之中,还体现在传统聚落中族人的精神寄托——祠堂的建设中。几千年的宗法制度在中国人的心目中根深蒂固,不管谁在外地升官发财,强烈的宗族意识和亲密的血缘关系总会驱使他"荣归故里"、要"叶落归根",这一点在海外华人华侨中体现得极为突出。宗法的影响不完全是消极的,它已升华为对亲人的眷恋、浓浓的乡愁以及强烈的爱国热情。20世纪初,无数华侨回家乡开设工厂、兴办学校、投资公益,促进了侨乡社会经济文化的全面发展。许多海外华侨身在国外,心系中国,秉承中国的传统文化,一旦在海外事业有成,就会因袭旧制,在国内或国外建立祠堂,以光宗耀祖,激励子孙。

但侨乡的一切都有其特殊性,反映了特定的地域文化和经济背景。华侨在国外生活久了,主动或被动地接受了许多西方的生活方式与审美意识。他们所修建的祠堂,不可避免地要反映出这种思想观念的变化,于是在建筑平面布局、建筑装饰风格、建筑技术与材

开平风采堂

料的应用上，也出现"中西合璧"、"多元混杂"的情况。

在五邑现存的华侨及侨眷修建的祠堂中，最著名、最典型的一座就是开平"风采堂"了。该建筑坐落于开平三埠之一的荻海镇茭荻嘴，是海内外的余氏子孙为祭祀祖先——忠襄公余靖而建的一栋纪念性建筑。据史料记载，余靖（999—1064）为宋朝名臣，广东曲江人，谥曰襄，官至朝散大夫。后人为纪念他，在曲江（现韶关市属县）建楼，取名"风采楼"。此后，海内外的余氏后代均以"风采"、"武溪"命名建筑物或组织，以纪念其祖先，如美国有"风采堂"、"武溪公所"、"余风采堂"，广州有"武溪书院"。

开平风采堂建于清光绪三十二年（1906），主体建筑分为"风采堂"和"风采楼"两部分，总建筑面积5364平方米。风采堂主要是纪念性的建筑，由于开平县荻海镇的茭荻嘴三面环水，且"学校附焉，以伸考飨而兼寓作育之意"，所以根据地形特点，东端布置了开阔的广场，用于大型集会和"学子习操游戏"；垂直于广场东西轴线布置了主体建筑——风采堂；再后是西洋味很浓的风采楼。

风采堂是中国的建筑工匠参照西洋建筑的式样自行设计建造的，是通过民间的渠道进行的中西方建筑文化交流的产物。由于民

风采堂入口大门装饰装修细部

直指云霄的三面方耳山墙

间的建筑师未经过科班的训练,因而较少受所谓的建筑"法式"约束,在融会运用中西建筑风格和手法方面,更显得自然生动、新鲜感人。风采堂的型制和功能与一般的传统祠堂相同,为三座三进十五厅六院(侧翼两斋为两层建筑)。整座建筑布局匀称、结构严谨、瑰丽宏伟,形成一个既独立又相联的大"四合院"。其造型上的最大特点,同时也是最成功的地方,是它规则布置的十八列封火山墙。这些封火山墙以马头墙为原型,吸取了当地祠堂方耳山墙的传统,从而创造出一种别具一格的造型形式。那一列列三级平台形式的方耳山墙,头两级山墙75度的锐角在透视效果上给人以翼角翘起、直指云霄的感觉。

【封火山墙】
建筑两侧高出屋顶的山墙,用以避开其他建筑的火灾蔓延至自身。

在建筑装饰艺术方面,祠堂内各个建筑构件都大量运用石雕(如正门鼓台石壁的八仙过海浮雕)、木雕、砖雕、

中国民居

陶塑和铁铸等中国传统建筑工艺,而其细部装饰又有西洋风格掺杂其中。例如,在处理左右两条直通长巷的入口檐部时,采用了中西结合的方法:顶部是西方山花处理,其上布满涡卷状的装饰雕刻;稍下则是中国的琉璃瓦小挑檐和中国风格的山水壁画;再下的匾额题字又加上了西洋风格的细部装饰,起到了向西洋风格的拱券门过渡的作用。

风采堂内的柱子同样也是中西合璧的杰作,有的柱头花饰完全仿照西方古典的希腊、罗马柱式的做法,但柱身却完全没有锋利或柔和的凹槽,也缺乏希腊、罗马柱式的一系列比例;而同时,一些柱子下却加入了中国风格的柱基。柱子的种类多为石柱,也有少量的铁柱,如大堂前部伸出的半个八角形的"轩",就是用四根雕花铁柱支撑着绿色琉璃瓦屋顶的建筑,反映着新材料、新技术的运用。

纵观五邑的碉楼、骑楼、祠堂,这一系列建筑具有明显的共性,即大胆吸收外来文化,积极与乡土文化共生融合,形成一种新的

风采堂入口基座、栏杆大量运用了精美的石雕。

风采堂里中西合璧的"轩":西式镂花铁柱支撑着中式琉璃瓦。

巷道入口的中式彩画与西式拱券的并置

凤采堂内部空间和装饰细部

建筑文化。五邑民居大都是"没有建筑师的建筑",不为"法式"、"规则"所限,只要是有益的,就为我所用,不受条条框框的约束。虽然这种做法并不一定都取得最理想的效果,但这一现象折射出侨乡人民开放的心态,以及岭南文化"求新、求变、求好"的特色。

(郁　枫)

干栏木楼和风雨桥
——桂北山寨采风

◇木楼寨巡礼

◇程阳桥对歌

◇鼓楼和芦笙柱

◇干栏木楼

◇火塘——木楼里的神圣场所

龙胜县平安寨干栏木楼

　　中国地域广阔，民居建筑形式多姿多彩。这些民居主要源于两大体系：远古的南方巢居和北方穴居，即"南巢北穴"。北方窑洞是远古穴居的一种遗存，而散布于中国西南山区的干栏木楼民居，则是古老、原生的巢居的体现。这些干栏木楼分布在广西北部（桂北）、贵州东部（黔东南）、湖南西部（湘西）的大片地区，它们依山就势密布，大分散而小集中，与寨门、芦笙坪、鼓楼、风雨桥一起，共同构成了苗、侗、壮、瑶等众多少数民族的生存家园。

　　"干栏"或称"麻栏"，在壮族语言中，"栏"或"干栏"都是"家"和"屋"的意思。干栏的演变与发展已有几千年的历史，《魏书·僚传》曾记载："依树积木，以居其上，名曰干兰（栏）。"浙江省余姚河姆渡新石器时代遗址中的木构干栏遗迹，距今也7000余年了。古代中国南方大多领域属于越族地区（即"百越"地区），从浙江到广西、云南的山区、丘陵地带，巢居遍地，可见干栏式木楼居住模式涵盖了多么久远的时空。由于生产力的发展、社会的变迁、技术的进步，平原地带和发达地区这种干栏木楼逐渐演变，被砖木混合结构的种种民居模式取代；而山区少数民族聚居地，至今仍然保存着大片的干栏木楼，保留了各民族独具特色的习俗和风情。

木楼寨巡礼

桂北山区木楼寨的形态千姿百态，皆源于这些民居聚落因地制宜的布局方式——或跨溪涧、或傍山麓、或踞土丘、或环河谷。木楼寨大多设有寨门，有的大寨子还不止一个寨门。山路、溪水与木楼串在一起，农田与聚落连成一片，反映出这些聚落建立在刀耕火种的小农经济基础上的特点。

龙胜各族自治县距桂林市100公里，海拔近千米的龙脊十三寨号称"梯田世界之最"，这里的梯田气势磅礴、蜿蜒起伏。恶劣的生态环境磨砺着这里的壮族同胞：十三寨中的平安寨

龙胜县黄乐寨

中国民居

龙脊梯田,气势磅礴。

是海拔最高的寨子,这里的梯田最大的一块不过一亩,最小的被称为"蚂蚱一跳三块田"的碎块,人均只有七分地;一块一块抠出来的630亩水田中,用牛耕耘的不到三分之一,其他的都是人拖犁。

走进平安寨,曲折陡峭的石块山路连通着散落在山坡上的家家户户。一色的坡屋顶木楼搭接和支撑于土坡地上,有的木楼支撑高度竟达五六米以上,而块块梯田又穿插在其间。木楼群既要顺应地形山势,村寨又要毗连田亩以便于精耕细作,所谓"近家无瘦地,遥田不富人",体现了小农经济对居住环境的要求。

由于历史变迁,三江侗族自治县的众多村寨中往往有几个寨

位于过街楼下的岩寨入口

干栏木楼和风雨桥——桂北山寨采风

独峒乡坐龙寨，恰似一尊卧龙。

子毗邻，甚至连成一片，林溪三寨就是一例。皇朝寨是三寨中居高临下的寨，迎坡拾阶入寨，会经过一路亭状的寨门。寨子平面呈长方形，寨门、鼓楼、蓄水池、小鼓楼循序而设，布局非常紧凑。岩寨是皇朝寨坡下的木楼寨，位于河槽边，逼近溪水，从风雨桥入寨却要沿河畔小路转到寨门。岩寨标高于河槽又逼近河槽的特点，造就了岩寨别具一格的寨门——入口在鼓楼的过街楼下，从河槽拾级而上，才"钻"入寨内。岩寨前小巧的风雨桥很自然地顺着河溪连接亮寨，亮寨也有独立的寨门和鼓楼。三个寨子就是这样三点三式，既分又合。

程阳桥全景

中国民居

独峒乡的坐龙寨三面环水，一面顺坡，聚落恰似一尊卧龙，这是一个仅有40余户的小村寨。狭窄的山路，迭落的木楼，连牲口都要爬台阶，却仍然有突出在群楼之中的鼓楼、家庙和寨门。

程阳桥对歌

每逢节日，侗家乡亲们扶老携幼，兴高采烈地从四面八方走上程阳桥。侗家哥仔妹仔们穿上节日盛装，燃放礼花鞭炮，跳起了"踩堂"芦笙舞。人们聚集在程阳桥头，姑娘小伙们用翠竹扎起竹马栏栅，挡住登桥入寨的通道，喜庆日和节日活动时来寨子探亲访友的客人统统被拦住了。他们既不要查你的通行证，又不要"买路钱"，却偏偏要和你对歌、摆歌阵。听，"拦路歌"唱起来了：

侗族青年在程阳桥头摆下了拦歌路阵。

从来没有见到阳光这么明亮，

从来没有见到花儿这样鲜艳怒放，

今天，就是因为远方的客人来了，

侗家的面貌才变了样……

侗家的歌和侗乡的风雨桥一样，是那么亲切、和谐、朴实、优美。客人们对上了几句歌，才能登桥入寨，受到热情接待。这样的喜庆活动在侗乡侗寨到处都有，只不过程阳桥是中国国家重点文物保护单位，因而更为知名。

程阳桥是程阳、马安等八个寨子的五位侗族老人领头建起来的。他们一边种田一边出工，发动乡民捐助木料，捐助劳力，请到最好的石匠和木匠，前后花了12年修建而成：采石备料做桥墩四年，运

全部用杉木卯榫构成的程阳桥木构架

木架梁用了三年,竖亭、覆瓦和装饰又用了五年。

程阳桥位于桂北三江县林溪乡,它横跨林溪河,长64米,宽3米,高10余米,四孔五墩。桥的正梁每孔用直径1尺6寸(约0.5米)、9丈(约30米)多长的7根杉木上下两层组合,然后铺木板、竖木柱、架梁枋、设顶、盖瓦;桥两侧安装类似"美人靠"的栏干座位。这种风雨桥,在一个林溪乡就有15座之多,俗称"花桥"。叫人拍案叫绝的是,它全身没有一根铁钉、铁铆,全凭技艺高超的"穿"和"斗"交叉咬接,以木楔子扣紧。

桥亭为歇山式屋顶的独峒乡平流风雨桥

独峒乡巴团风雨桥

桂北侗乡寨寨有桥,而且每座风雨桥绝不相同:有三亭、四亭、五亭的,有四角或六角(平面为方形)攒尖顶的,有二重到五重檐的,也有歇山式(平面为矩形)的或歇山式与尖屋顶组合在一起的。这样,从桥亭数、亭檐数到屋顶形制,排列组合下来无一雷同,极具标志性。更有巴团镇的风雨桥,上下两层,上层走人、下层走牲口。民间能工巧匠的创造,令人拍案叫绝。

风雨桥对村寨而言其实是一个入口,它既是联系河溪两岸的通道,又是出入村寨的必经之地,更是村寨的标志。而风雨桥对歌,又为侗乡民居这一类建筑增添了特有的风情。

鼓楼和芦笙柱

可以与风雨桥相媲美的,是侗乡每个寨子中间的鼓楼(有的寨子的鼓楼有两个甚至更多)。鼓楼屹立于寨中鼓楼坪上,极为醒目,它也是侗乡建筑艺术的精品。"锦鸡翅膀凤凰尾,比不上侗家鼓楼美",形象地表达了人们对鼓楼的赞叹。

鼓楼分上下两部分,下半部似亭,上半部似塔。下半部以八根木柱支撑,内外各四根,内柱用硕大的杉木支撑楼梁,外柱则用于支撑亭檐;上半部是重檐斗拱架,有四角、六角、八角之分,重檐一般五层或七层,取单数,多可达九层、十一层。鼓楼的屋顶尖部一般都放置宝葫芦和千年鹤,取吉祥之意。鼓楼内,中为石铺地,砌火塘,边设座位,大型鼓楼可容一二百人;放置其中的鼓,是一段掏空的巨木,两端蒙上牛皮。鼓楼是乡民议事,制定和检查执行乡规、乡约之处;其次也用于击鼓警众——每当遭遇盗贼凶险,就击鼓为号,人往鼓楼聚集,共同行动。

侗乡村寨中心是鼓楼,苗寨的中心则是芦

岩寨鼓楼正面形象

中国民居

马胖鼓楼的九重歇山顶

笙柱。它是一根垂直巨大的杉木，布满牛角、龙凤、大刀片等，顶部是凤凰形。芦笙柱立于苗寨中心广场芦笙坪中央，地面以柱根为中心，用层层发散的卵石作图案。芦笙柱是苗族图腾，每逢吉庆节日，苗胞们穿起节日盛装，姑娘们挥起彩帕，小伙儿们扛起竹筒制作的芦笙，围着芦笙柱跳起"踩堂舞"。

为什么侗寨有鼓楼和风雨桥，而苗寨却只有芦笙柱？有一种说法是："高山瑶，矮山苗，汉人住平地，侗家居河槽。"过去民族之间的纷争，最终以民族的强弱决定其聚落地理形势的优劣：除了汉族占据了平原城乡外，在桂北少数民族中，侗族较为强大，因而侗乡多占据河溪两侧的土地。这里相对于山地有较丰富的水源、较多的田地，而在河溪立寨，必

苗族图腾芦笙柱

然多桥，这也有利于防范盗贼侵袭。从木楼寨和民居的规模、质量来看，显然也是侗乡相对优越一些。

干栏木楼

广西山多林密，气候湿热，雨量充沛，山里又有毒蛇猛兽，因而桂北山区多为干栏木楼民居。先民们逐步创造、完善了以竹木架立梁柱做成的干栏式楼居，人住楼上，楼下敞空，多置杂物农具或圈养牲畜。

干栏木楼一般以"三间四架"（正面为三开间，沿进深方向屋架上有四列椽子）的矩形平面为基础，根据家庭人口、楼基地形与道路关系等不同情况，派生

廖家木楼外立面

出L形、凸形、凹形；又由于多建于山地坡地，为节约土地，结合地形，多为两三层矩形单元体，在矩形平面内常常错层、跳层。木楼屋顶在三江侗族自治县多为四坡歇山顶，而融水县的苗寨又多为二坡悬山顶。屋顶主要材料是青瓦，山高林密的木楼也有用木板瓦的。整个围护墙体也都是木板，开小窗或整片敞开。在桂北，一般中小型木楼民居的开间为3至5米不等，这主要取决于杉木用料的大小。整个木楼用卯榫连结，很少用铁件。

木楼的底部是木柱直接搁放在房基上，一般垫以石块。由于整

个木构架体系是整体受力,因而即使毁坏了一根柱子,或移动了一块柱基垫石,整个木楼仍纹丝不动。这种结构体系的好处很多:一是山区很难找到平整的建筑基地,调节木柱长短来适应地坪高度,可以不受房基地坪高低的限制;二是周边围护的木板墙体可以根据需要决定是否封闭,或封起来开小窗,或敞开以栏杆围成阳台、凉台;三是木楼的增建、加接也十分方便。这种结构体系还有利于排放雨水和防震抗震。

须要特别提及的是桂北干栏木楼有两种非常有特色的构件:吊柱和檐下挑梁。为了在有限的地皮上增加木楼的使用面积,往往逐层往外挑出,这就要求横梁之上伸出承托托住上一层的外挑柱子,这上一层的外挑柱子与梁通过卯榫方式形成一种叫"穿斗"的咬接,柱下端往下延伸一段,名曰吊柱;吊柱头上往往略为加工,形成莲瓣、灯笼形图案,它与北方四合院中垂花门上的垂莲柱相类似。另

木楼的悬挑

岩寨木楼中，穿斗与卯榫结构的集中展示

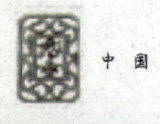
中国民居

木楼吊柱

正在施工的同乐乡孟寨木楼构架

一种檐下挑梁则是由于南方多雨，晴天又日晒灼热，因而屋顶出檐很大，多在1.5米左右；檐下立柱向外挑梁，挑梁之上设檩条，出檐更大的往往有二至三层挑梁。整个木楼虽然没有精雕细刻，但这种穿斗架、吊柱、阳台、挑梁，加上高低错落、左右前后加接，造型实在轻盈优美、丰富之极。

火塘——木楼里的神圣场所

桂北干栏木楼房里都有火塘，它位于二层室内大空间的中部，大型木楼往往有两三个火塘。火塘是在楼板上开一个一米见方的火塘口，做成下沉式方斗，支承火塘重量的木料架在梁枋上，铺底木垫和防火泥，再四边嵌边、隔热防火。火塘使用炭火，油烟在室内弥漫，久而久之，木楼里层都粘上了一层油烟，这使得木楼内部空间十分阴暗，但乡民们说它起到了保护木料、防腐防潮的作用。

火塘在家庭里相当重要，它既具有炊事功能，还是家庭聚会、接待亲友、休闲聊天等活动所在场所的中心。无论春、夏、秋、冬,木楼寨里的火塘总不熄火。火塘又是神圣的地方,随意跨越火塘被认为是不恭敬的行为。在桂北龙胜县,壮族乡民往往围在火塘边"对歌";尤其是男女青年,摆开歌阵,一问一答、一唱一和。这里人人出口成歌,茶歌、赞歌、挑逗歌、恋歌……歌阵一摆,至少到大半夜,甚至延续到金鸡报晓:

龙脊山下桑水旁,
妹妹唱歌情意长,
心里好比水源头,
口中唱出一条江。
龙胜水来一条河,

平安寨廖家木楼火塘间

中国民居

平安寨内壮族青年对歌。

当数哥哥情歌多，
落了三天蒙蒙雨，
一串雨珠一支歌。

　　这一堆火、一口锅、一杯茶、一支歌，是当地最流行、最受欢迎的壮家生活，它赋予火塘所在的这个独特的木楼空间一种文化内涵。在这里，建筑空间—闲暇生活—民族风情融成了一体。

（单德启）

玉水润泽·物载秋华
——丽江街巷问古

◇千年沧桑铸古城
◇百转泉水伴街市
◇三坊照壁溯民居

中国民居

　　在中国西南边疆云南省的西北部,"丽江"正为越来越多的人们所了解和向往。那里有淳厚朴实的纳西民族,有保存完好的古城和民居,有终年积雪、银装素裹的玉龙雪山,有古老神秘、底蕴丰厚的纳西族东巴文化。这里很像是人间的净土,也更像是人间的天堂,人们自由地徜徉在山水之间,享受着生活的恬静和浓香。除了雪山、古城外,这里还有云杉坪、白沙壁画、虎跳峡、长江第一湾、泸沽湖、牦牛坪等,无不令人神往。

千年沧桑铸古城

　　遍游丽江,最使人流连忘返的还是古城,而古城中最能打动人的还是那些古老的民居。

　　丽江古城所在的大研古镇是一个美丽的小城,她有点像威尼斯,也有点像苏州,却比威尼斯和苏州显现出更多的乡野气息。她与周围的山山水水、与周边星星

纳西族民族服装——"七星戴月"

点点的村落、与满目葱郁的山林融为一体。丽江古城还是一个承载了纳西族人民世世代代生活印记与历史轨迹的古城。古城是纳西族人民生活与文化延续的场所。大街小巷、深宅大院、店铺作坊曾留下了多少生活的故事,留下了多少岁月的印痕,弥足珍贵的是,在古城和那些遍及古城各个角落的民居中至今仍生活着勤劳善良的纳西族人民,因此,这是一个"活"的古城,一个见证了历史而又追随着现在的"活着的"古城。也正因为上述的特质和价值,1997年,

联合国教科文组织世界遗产委员会将丽江古城列入世界文化遗产名录。

一个城镇的发展总是与当地社会经济的发展同步,丽江古城当然也不例外。据历史记载,纳西族的祖先是从西北向西南迁徙的古羌族的后裔与丽江当地土著居民结合后繁衍下来的部落群体。隋末唐初(公元7世纪),在原始先民们由游动向定居转化的过程中,纳西人的早期部落——磨些族逐渐在金沙江流域和玉河流域建立了近百个大大小小的酋寨,形成了"酋寨星列,互不统摄"的古村落聚落景观。以现在聚落发展的历史观来看,这些原始聚落即是丽江古

古城俯瞰

城发展的源头。而这时的民居，也初步形成了我们现在称之为"木楞房"的民居。

农耕发展到一定阶段，必然会出现商品交换和集市贸易，因此，集镇应运而生，并形成城镇的雏型。玉河流域的"大研地"就是这样一个由古村落转化为集镇的聚落典型。

"大研地"地处丽江坝子中心位置、金沙江江湾腹地的口袋底，四周大山为其屏障，屏障以外又有金沙江一水环绕而成天然的"护城河"，这是一个易于防守而又可控制整个沿江流域的地方。元世祖忽必烈（1215—1294）率蒙古军跨革囊渡江，结束了各个酋长部落群雄割据的状态，并授其副元帅麦良为当地统领，其子阿良阿胡继任后将丽江宣抚司治所定在了大研地。他开挖了玉河西河，开始了对大研古镇的建设，从此奠定了围绕玉河西河、中河发展城镇的基本格局，这就是后来丽江古城的前身。到明代，明太祖朱元璋（1328—1398）封赐木氏为世袭丽江土司知府，木氏土司将其府衙从白沙搬迁到大研镇，又对古城大兴土木，使大研镇形成了以四方街为中心交汇枢纽、街巷以辐射状向四面八方延伸的较为完善的城镇格局。直到清代雍正年间（1723—1735）丽江改土官为朝廷流官（史称"改土归流"），流官又开挖了玉河的东河水，最终基本形成了现在的玉河之西河、中河、东河三条水系紧密交织，街巷体系依托其间，四方街为其中心的丽江古城。

古城东北靠象山、金虹山，西北则紧邻狮子山。这样的选址使得冬秋两季的雪山风寒被象山、金虹山、狮子山阻挡，让城内免遭袭击。城内春时东风和煦、花木欣欣向荣，夏季南风畅通，城内一片凉爽。城池虽建在海拔2400米的高原，但却冬无严寒、夏无酷暑，四季温凉。

百转泉水伴街市

水是古城的灵魂,古城的美丽离不开水。

古城中玉河水的源头是黑龙潭。泉水从象山山麓的古老栗树下、岩石间喷涌而出,汇成一个巨大而又神奇的出水潭。潭水从古城的西北流至玉龙桥,经桥下一个三孔分流水渠,被一分为三,分别形成了流向城内的东河、中河和西河三条水道。从此,玉河水潺潺不绝,这是古城生机勃发的生命源泉。

西河、中河、东河在城中再被分成无数股支流穿流于古城内各街巷之间。有利的自然条件造就了古城街道不拘一格的自由布局。城内主街傍河,小巷临渠,道路随着水渠的曲直而延伸,房屋就着

古城的心脏——四方街

中国民居

地势的高低而组合。这样,古城的基本轮廓也就自然清晰了。有了水系,就会有各式各样的"桥"。丽江的桥风情万种、极有魅力。当你坐在桥的栏杆上,听着脚下潺潺的玉河水,看着岸边微风摇曳下的绿柳,目光寻觅着街巷上来来往往的纳西老人、妇女和孩子,思考着纳西民居和纳西人的人生的时候,你才会理解水、桥、建筑、古城之间的亲密关系。

踏进古城,脚下的青石板路面引导着人们穿街走巷。它与一般的石板路不同,磨光的石面上有五颜六色的图案,像是由众多不同色彩的小石头融聚而成,这是当地一种天然石料——五花石。这种石板全都采自丽江坝周围的山里,它清亮光洁,而且踏感沉厚。仔细观察,你会发现石板路面斑痕累累、深浅不匀、凸凹不平,那是经历了几百年来人踏马踩而留下的痕迹。近年来,人们对"南方丝

遍布古城的流水就是这座美丽小城的血脉

丽江古城中各式各样的桥

玉水润泽·物载秋华——丽江街巷问古

【茶马古道】

茶马古道是指中国西南地区以马帮为主要交通工具的民间国际商贸通道，是西南民族经济文化交流的走廊。茶马古道源于古代西南边疆的茶马互市，即汉藏民族之间以茶易马或以马换茶的贸易，兴于唐宋，盛于明清，"二战"中后期最为兴盛。茶马古道分川藏、滇藏两路，连接川滇藏，延伸入不丹、锡金、尼泊尔、印度境内，最终直到西亚、西非红海海岸。滇藏茶马古道大约形成于6世纪后期，它南起云南茶叶主产区思茅、普洱，中间经过今天的大理白族自治州和丽江地区、香格里拉进入西藏，直达拉萨。

绸之路"的兴趣愈加浓厚，甚至认为那是一条早于西北古丝绸之路的贸易通道和文化走廊，而丽江就是南方丝绸之路中重要的一段——茶马古道上的主要驿站。所以，马帮脚下留下的印记其实就是文化的印记——文化传播与交融的印记。

古城的集市和街市构成了古城市井风俗的画面。四方街是古城集市的代表。古时这里只是一个原始集市，后来又成为茶马古道上"茶马互市"的重要场所。现在，这里摊贩云集，古玩百货琳琅满目。撑开的布篷和黄油纸大伞以及传统货摊，形成集市一大景观。集市西段多各种古旧手工制品，翻弄着它们犹如翻开一个个古老的故事。东段

玉龙雪山是纳西人民心中的神山，古城与雪山有着水乳交融的关系。

 中国民居

古街道尘封和浸染了多少如歌的岁月。　　现文巷岔口

又多锅碗瓢盆等日常用品，硕大的锅盖可当草帽，铜打的瓢勺光亮如镜。集市广场上有几条街呈辐射状向四面延伸，即东面的光义街、七一街、五一街和西面的新华街等，每条主街又有数条支巷呈放射状再向四周辐射，由此形成以四方街为中心，四周店铺客栈环绕，沿

玉水润泽・物载秋华——丽江街巷问古

科贡坊下的西河水

街道上的石板已被岁月磨蚀得发亮。

古城也容纳了现代人和很多的商铺。

街逐层外延的缜密而又开放的格局。这与中国传统的四四方方的井字形街道是不一样的。古城其他街市也都很有特点，它们是四方街集市的补充和延伸。这里，世间万象应有尽有：饭馆、茶屋、织麻、制革、理发、字画、服饰、木雕、图片、土陶，等等。

三坊照壁溯民居

丽江民居是纳西人生活与文化的结晶,人们不但能在其中感受到朴素、清新、自然的美,而且还能体会到本土文化的延续和多元文化的交融与碰撞。在丽江看民居建筑,仿佛是喝了一盅陈年老窖后,又品了一杯鸡尾酒。

历史文化深厚的丽江有着属于自己的建筑发展历史。丽江民居从古代的"洞穴居"、"树巢居"、"井干式的木楞房"发展到近代的"三坊一照壁"、"四合五天井"、"走马转阁楼"的古城民居模式。

"木楞房"是丽江一带纳西族民居的原始形态,今天,在丽江摩梭人主要居住的宁蒗县泸沽湖畔及荒僻边远的一些村寨中还经常可以见到。这是一种木结构房屋,四壁由削过皮的原木两端砍上砍口后纵横迭架、垒制,屋顶上覆以木板而成。木楞房在当地取材容易、建造简单且方便适用。

"木楞房"的空间形态起初仅为简单的院落,后受外来文化影响逐渐演变为较为规矩的合院形式;分为正房、厢房、花楼、门楼。正房供家庭集体活动用,是议事、炊事及祭祀的场所。厢房(或称经堂)常为二层,楼上为喇嘛的住房或供奉佛像,楼下住单身男子或为客人住房;花楼主要供女子居住;门楼(也称草楼)楼

纳西人传统的"木楞房"民居局部

上放草，楼下大门两边是畜厩。摩梭房屋的大门一般开朝东方或北方，其井院较大，有红白喜事，就在井院举行。正屋结构复杂：屋后设夹壁，储存食物，并作为老人居室；正屋右侧为家庭主妇的起居室；正屋内一角设灶台，灶台项角有一神龛，上面放置神像、供品和花瓶；灶台下方设火塘，火塘右边是主位，左边是客位，不能混乱；房中有两根大柱子，分左柱右柱，左柱为男柱，右柱为女柱，在举行成丁礼时，男的在左柱旁举行，女的在右柱旁举行。

很显然，木楞房的形式、格局与纳西人的生活环境、农耕社会的生活方式是分不开的，人们的日常生活、自然环境、技术工艺基本决定了其结构和型制；房屋的空间结构与宗教信仰、婚姻形态和家庭组织也密切相关，纳西民族原初的意识形态赋予了建筑更多的文化色彩和象征意义。

然而，丽江纳西民族的传统民居却在保持传统木楞房优点的基础上逐渐转向了今天土木结构的汉式院落建筑。这是一种历史的转变和文化的转变，有几个历史镜头足以使人理解为何会有这种变化：

公元1253年，丽江纳西的木氏土司获准开始了长达470年的自治。木氏土司统治期间，在文化上采取了兼容并蓄的政策。他悉心学习汉文化，在宗教上接受佛教、藏传佛教和道教，吸收汉族的生产技术和工艺技巧，加强与中原地区政治经济方面的交往，使丽江的社会经济及文化得以迅速发展。丽江白沙大宝积宫中展示的融合了藏、汉、纳西艺术技巧和题材的白沙壁画，就是当时文化交融的有力例证。

公元1723年，清朝雍正皇帝（1678—1735）实行改土归流政策，于是，来自中原的知识型流官代替了木氏土司行使丽江的管辖权。纳西民族在宗教、价值观、生活方式上更加受到汉族影响。

中国民居

1921年，美国植物学家、地理学家和人类学家约瑟夫·洛克（1884—1962）抵达丽江，对纳西东巴文化开始进行研究。他与当地纳西人结为朋友；丽江人接受了他，并不因为他来自于其他文化种群而排斥他。洛克后来的研究成果对国内外认知丽江产生了重要的作用。

1988年，丽江人宣科先生成立纳西古乐团，演奏洞经古乐。据说，最开始演出古乐是在城北的一个大院里，当时人们并没有意识到什么。其后，古乐很快在国内外产生巨大影响，并逐步走向世界。丽江纳西人开放的民族性格又一次表现出来。

纳西人传统的"木楞房"民居

由于纳西祖先和先民的开放，也由于长久以来大研古镇作为滇藏、川藏贸易走廊上的重要驿站，丽江客观上承担了文化走廊的作用。因此，纳西人形成了崇尚文化、善于学习和吸取其他民族先进文化的优良传统。仔细品味古城的纳西民居，可以明显地看出纳西族、汉族、白族、藏族的建筑文化及形式风格在这里水乳交融。

纳西民居比较常见的形式有以下几种：三坊一照壁、四合五天井、前后院、一进两院。其中，三坊一照壁是丽江纳西民居中最基本、最常见的民居形式。三坊一照壁民居的主要特征是：正房较高，两侧配房略低，再加一照壁，看上去主次分明，布局协调。上端深长的"出檐"具有一定曲度的"面坡"，避免了沉重呆板，显示了柔和优美的曲线。墙身向内作适当的倾斜，这就增强了整个建筑的稳定感。四周围墙，一律不砌筑到顶，楼层窗台以上多用木板安设"漏窗"。为保护木板不受雨淋，大多房檐外伸，并在露出山墙的横梁两端顶上裙板，当地称为"风火墙"。为了增加房屋的美观，有的还加设栏杆，做成走廊形式。最后为了减弱"悬山封屋檐板"的突然转换和山墙柱板外露的单调气氛，巧妙应用了"垂鱼板"（垂鱼板：悬挂在山花中央的一个构件，它可遮挡缝隙，起到加强结构和装饰的作用）的手法，既对横梁起到了保护作用，又增强了整个建筑的艺术效果。通过对主辅房屋、照壁、墙身、墙檐和"垂鱼"装饰的布局处理，整个建筑高低参差，纵横呼应，构成了一幅既均衡对称又富于变化的外景。"三坊一照壁"民居显示了纳西族人民高超的建筑水平。

纳西民居一般正房方向朝南，主要供老人居住；东西厢略低，由下辈居住；楼下住人，楼上做仓库；天井供生活兼顾生产（如晒谷子或加工粮食）之用，多用砖石铺成，常以花草美化。纳西人家每一户房前都有宽大的厦子（即外廊）。厦子是丽江纳西族民居最重要的组成部分之一，这与丽江的宜人气候分不开。纳西族人因而把一部分房间的功能，如吃饭、会客等搬到了厦子里。另外，大研古城历来集市贸易发达，纳西人也有较强的商品意识，民居中

【照壁与漏窗】

照壁就是遮挡大门的墙壁，可位于大门内，也可位于大门外，中国传统聚落中常用以辟邪。在北方称为影壁。

漏窗应用于住宅、园林中的亭、廊、围墙等处，窗孔的形状有方、圆、六角、八角、扇面等多种形式，再用瓦、薄砖、竹木片和泥灰等物构成几何图案或动植物形象的窗棂。

中国民居

玉龙雪山脚下的纳西族"木楞房"民居

如有临街的房屋，房主常将它作为铺面。

其实，一个民族的文化和生活常常混杂着异质文化，你中有我、我中有你，密不可分。院子里、厦子下、铺面中真实、朴实、自然的生活造就了纳西人平和、淡泊的心态。身处这样的建筑中，你会感受到真真切切的纳西文化。

（王　冬）

壮美与优美的居所
——雪域碉房抒怀

◇源远流长的历史
◇多姿多彩的形态
◇与神明共栖的场所
◇与天地相生的家园
◇壮美与优美的生存图景

中国民居

　　西藏位于中国的西南部,有"雪域高原"之称。在这里,碧空万里,清澄如洗,雪岭绵延,层峦叠嶂。西藏不仅有着雄浑和神奇的自然风光,更有着令人向往的神秘文化,独特的人文景观与自然环境共同构成了西藏高原的地域整体特征。

拉萨河谷地貌

西藏高原平均海拔高度在4000米以上,是中国地理高程三级阶梯中的最高一级,有"世界屋脊"之称。西藏地理类型非常丰富,有山地、高山草甸、林区、河谷、湿润地区和干旱地区等,高原湖泊也有广泛的分布。其水面面积近3万平方公里,约占中国湖水总面积的三分之一。其气候特征的变化也很大,有高山寒带、亚高山寒温带、山地温带、山地暖温带、山地亚热带和山地热带等。

雪域高原的民族文化精神及多样化的地理环境、多样化的气候类型,成就了形态壮美的西藏民居。

尼洋河谷地貌

从绒布寺眺望珠穆朗玛峰。(图引自西藏科考图片)

源远流长的历史

　　西藏高原民居的历史久远。早在距今 4000—5000 年前，就出现了穴居与半穴居式的居住建筑和原始聚落。1975 年昌都卡若原始村落遗址的发掘，揭示了藏族祖先在 4000 多年前的聚居状况。整个卡若遗址的面积有近1万平方米，集聚有草泥墙和石墙两种形式的房屋遗址31座、呈半穴居式的两层窑穴一处，房屋内设有火塘和灶台，反映出雪域高原民居建筑风格的初始形态。

西藏高原世代居住有藏、门巴、珞巴、汉、回等民族，藏族人口占了人口数的绝大多数。神话传说中，"神猴"与"岩魔女"领受天意而结合，繁衍的后代就是藏族。藏族的先民居住在雅鲁藏布江南岸的雅砻谷地，分为六个大的部落，以狩猎和采摘为生。到公元前3世纪左右，六部统一，建立了"蕃"王国，并出现了被称为"西藏第一宫"的石砌宫殿——雍布拉康。公元7世纪初，松赞干布（？—650）迁都拉萨，逐步统一了雪域高原，建立了强大的吐蕃王朝。其后，实施了一系列的文化创举，包括创制藏文、统一度量衡、引进外来文化等，并在哲学、历史、文学、建筑、艺术等众多方面形成了独特的民族文化。

门巴族是自古以来集聚在西藏高原的少数民族之一，因其聚居地在喜马拉雅山东南的门隅地区而得名，该地区的海拔由4000多米逐渐向南降至1000多米，"门巴"在藏语中即为"低地"之意。门巴族有民族语言但没有文字，能歌善舞，民族文学和戏剧丰富，情歌诗人六世达赖仓央嘉措（1683—？）便出生于此。17世纪五世达赖时，居住在门隅地区的部分门巴族东迁至白马岗（墨脱县），从此门巴族的主要聚居地分为东西两个区域，在民居的形态上也有所不同。

珞巴族由30多个较大的部落组成，主要聚居在雅鲁藏布江大拐弯以南的地区，在地理上称为"珞渝"，"珞巴"在藏语中意为"南方人"。珞巴族有珞巴语言但也没有文字，其生产和生活方式是狩猎、采摘和刀耕火种。在珞巴族的许多传说中，他们的祖先曾经有

舞蹈场景

过"穴居"和"巢居"的历史。由于地处深山，交通隔绝，珞巴族的社会发展缓慢。在1959年西藏民主改革以前，珞巴族仍处在原始社会的父系阶段，以血缘关系的氏族或家族的形式聚居，这使其民居建筑保留着独特的形态。

　　藏族文化、门巴文化和珞巴文化各有其鲜明的特征，属于同一文化类型，均有"猴子变人"、"共同祖先"和"同胞兄弟"的传说，此三种文化共同构成了雪域高原西藏文化的整体。相近的文化背景和相互间的文化交流，使得三者在居所的营造上有着相似的取向，即适应聚居地的气候、地理等自然条件；结合民族的宗教信仰、文化传统和生活习惯；采取因地制宜和就地取材的营造方式，从而形成了与自然环境和人文环境和谐相生的藏地民居建筑。

多姿多彩的民居形态

西藏高原地域广袤,各个地区的地理环境、气候特征和资源状况,有着很大的差异,加之各地在生活方式上也存在着差异,使得各地的民居在形态上展现出丰富多彩的面貌,主要有碉房、牛毛帐篷、土掌房、木楼、竹楼和高原窑洞等。在民居建筑的构成方式上,有土筑、石砌、土石木混合、干栏和井干式民居;在形式上,有平顶民居、坡顶和混合式屋顶。形态多样的民居建筑在西藏高原的分布有着地区性特征,藏北草原的牧区民居多为牛毛帐篷,拉萨、日喀则以及周边村镇的民居多为石砌碉房,藏东南雅鲁藏布江流域林区的民居多为木构建筑,高原窑洞分布在西部的阿里地区。各地区民居在形态上的多样性,表现了浓厚的民族特点和地区色彩,展现出民居建筑在形态、生态、情态和神态上的和谐统一关系。

藏北草原牧区普遍用牛毛纺线,织成粗氆氇,缝制成帐篷,以牛毛帐篷作为住房。帐篷的平面一般为方形或长方形,用木棍支撑起高约两米左右的框架,篷顶呈坡面,上覆黑色牦牛毡毯,四周以牛毛绳牵引,固定在地上。帐篷正脊留有约宽15厘米、长1.5米的狭长缝隙,以利采光、通风和散烟,沿缝缀以小钩,便于根据不同的气候情况进行启闭。帐篷内部周围用草泥块或土坯垒成高约40—50厘米的矮墙垣,上面堆放青稞、酥油袋和牛粪。帐篷的一面开门,白天将帐篷帘布对开分撩两边,供人出入;夜晚放下门帘用绳带结紧,形成与外部隔绝的休憩场所。帐篷近门中间支石埋锅置火灶,灶后供佛像。这种以牛绒捻纺制作的帐篷,质地粗厚,不畏风霜雨雪,并且制作简单,拆装灵活,运输方便,可随时搬迁,适合牧民逐水

草而居的游牧生活方式。

碉房是西藏高原较为常见的民居形式，因其用土或石砌筑，形似碉堡，俗称"碉房"。碉房多为石砌外墙的二至三层建筑，贵族、领主、富商所居住的碉房，大多在三层以上，最高的达到五层。碉房的平面大多以柱网为单元进行组合，构成方形居室。在平面形态上，多为外部一大间，内套两小间，层高较低，错开的房间造成了几何形体上的搭接，形成高低错落有致的浑厚造型。其结构系统为用土石做墙和木头做柱的混合结构，一间居室一根柱，俗称"一把伞"，以木板铺做楼面；土坯墙厚一般40—50厘米，毛石墙厚50—80厘米，内墙保持垂直，外墙逐渐向上收分。碉房民居的底层养牲畜或作为库房，二、三层住人，二层的阳台和卫

石砌碉房民居

贵族碉房住宅

独院式碉房民居

生间部分常以木构造型出挑墙外。建筑的向阳面均设大窗或落地玻璃窗，采光面广，加上窗户多朝向中间庭院开放，院外用小窗窄门，有挡风御寒、冬暖夏凉之利，适应高原的气候特点。屋面均采用平屋顶，用一种当地风化了的"玺嘎"土打实抹平，设屋顶阳台，可供晾晒物品之用。

独院式的碉房，中间庭院内设有水井，栽植花卉，建筑物与庭院的墙体厚实，可作为防御之用。大型碉房内房间众多，设有小天井采光，高达20—30米的高碉作储存贵重物品和眺望守卫之用。碉房的形态在各个地区也有所变化，拉萨的民居多为内院回廊式，有二层或三层的，也有平房独院式；山南地区的人们喜爱户外活动，在民居中常利用外廊设置开敞式的起居空间。

藏东南林区聚居着多个民族，地理气候类型众多，环境资源丰富，民居类型也最为丰富。林区内的降雨量较西藏高原其它地区来得丰富，民居建筑普遍采用双坡面屋顶的建筑形式。林区内的民居，

平房独院式民居

多为独立式或独院式，以方形柱网组合成方形或长方形的平面，建筑多为三层，底层低矮以圈养牲畜；第二层为住室空间，由居室（兼厨房）、贮藏间、外廊和厕所等组成，以木板分隔里外套间，外间的室内中央靠近窗口处以火塘为中心，围绕着火塘布置床和其它家具；第三层坡屋顶下的山尖空间被利用作为阁楼，以贮存柴草、饲料和杂物。建筑多采取木构架，墙体采用碎石、片石、卵石、夯土、木板、竹篱和柳条篱等材料。坡屋顶以木材为梁椽搁置在山墙上，有树木的地区，屋面常覆以木板瓦，上压石块防止上行的河谷风对木瓦的掀动；有页岩山体的地区，以页岩板作瓦，覆盖在屋顶之上以排除雨水。

藏东南林区的密林之中，掩映着门巴族的木楼以及珞巴族的木楼和竹楼。门巴族的木楼常建于面向河谷的山间台地之上，以多根木柱架立起木楼，下部1.5—2米高的空间敞开，供拴养牲畜之用；

藏东南贡布民居

藏东南木楼民居（图引自西藏科考图片）

木楼之上为居室和仓库，位于中央的居室通过小过厅连接外部走廊，居室两侧为仓库。整个木楼从墙体结构、楼面到屋顶都以木材为建造材料，通过外廊上的木楼梯出入上下。独立式的门巴族民居常常无院墙围绕，错那县的门巴石楼和墨脱县的门巴木楼，大多是以单栋的民居集聚而形成村落。

珞巴族有两种独特的传统木楼民居，一种为长屋，一种为方形小栋房。长屋是一种特殊的民居形式，珞巴族原始部落社会形态的体现。长屋往往长达几十米，女性居住的长屋常常建在村边，内部以竹席木板分隔出十几间或几十间供人居住的居室；男性居住的长屋往往建在村落中央，内部不进行分隔，兼作村落的议事厅之用。小栋房呈方形或长方形，为一夫一妻的家庭住所，是珞巴族家庭的标识，其周围有附属库房。长屋与小栋房常常以整根原木为建筑材料，采用井干式层层累叠构成居室墙体，传说因惧怕"恶鬼"进入而不设窗户，房屋下部以若干木柱支撑，上部以木板、芭蕉叶覆盖作为屋顶。

珞巴族的竹楼民居，平面呈长方形，宽约6米，长约9米；入口处只开一门，为使室内空气对流，在对面墙面之上设一窗户。竹

中 国 民 居

楼以石头垒基础墙，四周墙体每隔两米立一木柱，柱间以双层竹板作为维护墙体，屋顶以双层竹板为瓦。整座竹楼，除地板、梁柱和门窗外，其余全部以竹子为建造材料。每家竹楼的房前或屋后都建有高脚粮仓。

　　雪域高原西部阿里地区的民居，在河谷平川地带多为独立式的建筑，以土木为房屋结构材料。民居多为两层高的建筑，其二层部分作为夏季的居室，底层部分作为冬季的居室。在邻近山崖处，民居常以窑洞和房屋相结合的方式构筑，前部的地面房屋与后部的窑洞形成一个居所整体。阿里地区的窑洞平面呈方、圆或长方形，其中以方形窑洞居多，层高2—2.2米。窑洞民居是雪域高原之上比较罕见的一种民居类型。

　　贵族的别墅与庄园是高原民居的特殊类型。别墅常常由主楼和前院两部分组成，整个平面呈"回"字形，中间为天井院落，前院为二层，前院以北为三层高的主楼，南向设通间落地窗，室内阳光充足。别墅中不仅有主人的居室、会客室、佛堂和经堂，还设有佣

罗布林卡内达赖夏季别墅

云南小中甸藏族民居

人居室和库房等众多的功能用房。随着庄园经济及供养制度的出现，出现了庄园建筑，著名的有朗色林、甲马赤康、庄孜等。庄园建筑主楼大都高达五层且十分豪华，花园围绕，设有城墙、壕沟等完备的防御设施，并设有惩罚农奴的牢狱。

　　雪域高原这些多姿多彩的民居类型，并不是某个地区或某个民族固定的居所模式，随着地区和民族之间的交往与相互影响，各种民居类型发生着融合和变异，形成了多种多样的民居混合形态。雪域高原灿烂辉煌的文化，丰富着周边地区的文化，随着藏族在各地的定居，高原多姿多彩的民居形态，也影响着云南、青海、四川等地藏族民居的建造风格。

中国民居

与神明共栖的场所

居住在雪域高原之上的各个民族普遍有着宗教信仰，各地区各民族的宗教信仰不尽相同，有高原的本土宗教——苯教，也有藏传佛教及其教派——格鲁派、萨迦派、宁玛派、噶举派等。

苯教信仰万物有灵，藏族的祖先崇拜自然、图腾和鬼神，信奉巫术。山川河流、森林鸟兽以及自然现象都是宗教崇拜的对象。有关藏族起源的神话传说表明，在雅砻河谷曾经居住着以猕猴和岩石精为图腾的联姻部落。藏族的转神山、用石块垒筑"玛尼堆"和面具藏戏等，可以溯源至苯教的仪式和祭祀活动，而神山、神水和神

神山——南迦巴瓦峰

【玛尼堆】

玛尼堆多为白色石头的堆积，常常呈方形或圆形置于山顶、山口、路口、渡口、湖边或寺庙、墓地，用于祈福，成为当地人们的保护神。在西藏原始的苯教中，人们认为万物皆有灵性。而白色崇拜中当然少不了白色的石头。在佛教传入西藏后，人们堆玛尼堆又进了一步，一般不再是纯粹的白石。人们把那些本来就被认为赋有灵气的白石再刻上佛经、六字真言或佛像，使这些白石更赋灵气，成为玛尼石，以求保佑和庇护自己。

石的传说，则源于苯教的信仰。

公元7世纪中叶，佛教自中原和印度传入西藏高原后，遭到苯教的激烈反对，斗争持续了300多年。在此过程中，佛教吸收了苯教的一些神和仪轨，苯教则吸收了佛教教义而互相接近，在此基础上形成的佛苯结合的佛教称"藏传佛教"。与中国其他地区流行的佛教相比，藏传佛教具有明显的地域和民族特色。由于对教义的解释不同，修持方法不同，藏传佛教又衍生出许多不同的教派；各个教派在不同的地区存在和流行，并与当地的政权形成"政教合一"的局面。苯教在民族心理和习俗上的积淀，使藏传佛教具有了自然崇拜的内容。

宗教信仰深入人心，这表现在各民族建造居所及其聚落的活动中：村落的入口和中心常常建有小型的佛塔，民居建筑的外部常常采用具有佛教意义的装饰符号，民居建筑内居室的中心设有佛堂。雪域高原各地民居聚落、选址、外部形象、内部环境的营造以及建造仪式，也处处显现出宗教文化的存在。这里的民居，构建成为人与神明共同栖居的场所。

在民居建筑的内部，作为起居活动的中心居室中，最重

山口立石与哈达

要的向阳位置供奉有佛像，周围布置绘有以佛教故事和教义为创作题材的"唐卡"、香炉和法器等。室内的柱头、房梁、墙壁、灶台，以及卡垫床、小方桌、藏柜等家具都装饰以宗教题材的彩画，各种日常生活的用具，如卡垫、杯盏和器皿上也饰有多种宗教纹样。在这些图案中，藏族的八宝图案——宝伞、金鱼、宝瓶、莲花、右旋白螺、吉祥结、胜利幢、金轮，以及佛教意义的"卐"字纹是最普遍的。在佛教中，象征着宇宙秩序和宇宙几何投影的"曼陀罗"图案常常刻在木板、石板和金属板上，悬挂在民居室内的墙上。

在民居建筑的外部，庭院和建筑的入口门头之上以牛角、宗教图案和镜子等作为装饰物，取其图腾象征和祈福驱凶的意义。民居建筑上构筑物的设置反映出藏族民众对佛教的虔诚信奉，如认为风吹动经幡就如同念经一样，能够达到保佑家人安康的效力，因此在房屋四角或正脊之上设置经幡，并将青石佛像浮雕和刻有六字真言的白石放置在窗台、房屋或院墙的四角。在藏族的宗教信仰中，色

民居建筑与经幡

唐卡（图引自西藏图片网）

八宝图案之金鱼

彩具有宗教象征意义：如红色代表性格暴躁的神灵，白色代表性格宽容的神灵，黄色和金色则是象征佛教和天国的颜色。民居建筑的墙体、布幔和构件上的色彩选择和运用，均有其崇拜和信仰的意义。

　　在民居聚落中，村寨的入口和中心是聚落中的重要地点，常常设有一排排高大的白色经幡林和佛塔，这是日常的宗教活动场所。转经是藏传佛教基本的修持方式，从左向右顺时针转动经轮是礼佛的仪轨，佛塔四周设有连排的经轮，供人们转经之用。在聚落中转经筒的设置上有一个有趣的现象，村落内以及附近的水口处常常建开敞小屋，内设依靠山间溪流推动的转经筒，昼夜不息，用以为村民祈福和保佑村寨的平安。

　　藏族对山川等自然神灵的崇拜，也显现在民居建筑的选址和建

中国民居

造意识上。如珞巴族在选择建房宅地时，以三颗稻谷分别代表牛、猪、鸡三种家畜，加上对应于家中人口的稻谷数量，组成为一组稻谷，以三组稻谷分别放置于三个预选地点的中心，覆盖树枝和石板，于太阳落山后放置。次日太阳出山前察看，若谷粒散开或谷粒中有蚂蚁，均被视为不吉征兆；若谷粒状况完好，则说明宅址优越，适宜建房筑屋，进而开始一系列建房的祭祀仪式。

村落入口的经幡林

与天地相生的家园

雪域高原各地区民居的形态与所处的地理环境、气候条件、聚居状态、生活方式和可获得的建筑材料以及建造技术等密切相关，来源于舒适地栖居的要求和综合应对自然环境所达成的共识。带着这样的对生存庇护所的共识，民居建筑立足于天地之间、融合于天地之中，形成与自然环境和谐相映的物质和精神家园。

雪域高原民居的形态与自然环境密切相关。在民居造型上，屋顶形式反映出所处地区降雨量的多寡，墙体的厚薄反映出温差的高低，布局的开敞与封闭反映出日照和行风的状况，形态的敦实和轻灵反映出地理环境的特征。由于地处雪域高原的缘故，西藏民居普

建立在共识基础上的民居村落

遍以火塘为内部居室的中心，反映出在恶劣自然条件下寻求栖居舒适度的环境补足意识。游牧、农耕和狩猎是雪域高原上的主要生产方式，因此它与自然环境资源结合紧密，使得以人们的生产、生活方式为构成内容的民居，与自然环境之间存在着必然的相生和相融关系。

民居建筑材料的使用和获取，遵循便捷和经济的原则。西藏各地民居建筑采用的材料都是其所处自然环境中最易获得的，体现出就地取材以营建民居的特

与大地和谐相生的民居村落

点。在适宜的技术加工下,民居建筑完全以本地自然建筑材料建造,使得民居建筑仿佛在环境中自然生长而出。在民居建筑的色彩造型上,大量运用自然材料的本色,土的黄色、石的青色、木材的暗棕色等色彩组合,显现出民居建筑与自然环境之间相生相融的亲和关系。由自然材料和色彩构成的民居宛若天成,在体量、尺度、质感、肌理和色彩上,将民居建筑的环境个性发挥到极致。

雪域高原的大部分地区山峦起伏,干旱少雨,日照充足,昼夜温差大,缺乏林木资源,属于干旱和半干旱地区。具有平屋面形式的石砌碉房和土掌房,就分布于这样的环境之中。厚重而保温的墙体由当地的土石构筑而成,有石块砌筑、乱石码砌、生土浇捣、土砖砌筑和土石混合等多种方式;其民居的基本色调,为土石墙体的自然色彩和墙体涂层的白色。在灿烂明媚的阳光和纤尘不染的蓝天之下,敦实的石砌碉房和土掌房伫立在连绵不绝的土石山间,与自然环境浑然一体,加之逐渐向上收分的墙体,强化了的生长动势,展现出生长于大地、耸立向天空的壮阔之美。

藏东南雅鲁藏布江流域林区,峡谷幽深,森林茂密,气候炎热,湿润多雨,坡屋顶的木楼、竹楼宁静舒缓地掩映在绿树与竹林之间。轻灵的木楼、竹楼架立在背山

民居的自然色彩

生长于大地、耸立向天空的民居

朝阳的坡地之上，以其开敞和空透的形态，借助河谷劲风吹散室内闷热潮湿的空气，以出檐深远的屋顶抵御雨水对墙体的侵蚀。林区内干栏式和井干式的木楼，以当地充足的林木资源为民居的建筑材料，并以木板和芭蕉树叶作为屋面防水材料，自然的材料和色彩使得木楼共生于林区的自然环境。珞渝地区漫山遍野的竹海有十余种竹子，其丰富的产量为珞巴族建造竹楼民居提供了充足的建筑材料。藏东南林区内，密林苍翠欲滴，竹枝婀娜摇曳，拔地凌空和轻盈精美的木楼和竹楼散布其间，与飘逸的云雾和悬垂的雨帘共同构成了

优美的栖居环境。

壮美与优美的生存图景

　　神奇迷人的雪域高原，有着蔚蓝的天空，巍峨的雪山，苍莽的草原，壮阔的湖泊……绿荫蔽日的东南林区之内，又见峡谷纵横、林海如织、瀑布悬垂、云影飞渡……

　　自然环境的形态、线条和色彩，培育了民族性格，陶冶了高原民族的情感；高原民族的宗教信仰、情感理想和生活习俗，造就了雪域高原民族的文化灵魂，自然环境和人文环境共同塑造出了高原民族的独特个性。对壮美山川的崇拜、对理想天国的向往、对藏传佛教中壮美精神的追求，以及对优美自然环境的尊重、对优雅宁静生活的理想、对藏传佛教中欢乐情感的追求，弥漫在民族灵魂之中，

郎县民居村落

梯田边民居村落

　　形成了壮美与优美并存的文化心理和审美情感。壮美与优美,是雪域高原之上人们生存图景的真实写照。

　　西藏民居在其造型上,既有崇高壮美、超凡脱俗的表现形态,也有浪漫优美、典雅高洁的表现形态。

　　散布于雪域的市井城镇、山庄村寨的石砌碉房和土掌房,敦实浑厚的形体和鲜明朴实的色彩洋溢着凝重、崇高的壮美气息。它们与苍茫的自然环境以及忘我的宗教理想,共同构成了壮美的生存图景。

　　在林海和竹海的环抱之中,飞架的木楼和竹楼以其轻灵优雅的造型和与环境共生的色彩,显现出宁静安适的优美景象。村落旁梯田层层,村落中歌声阵阵、酒香缕缕,淋漓尽致地表现出身处其间的人们闲雅的情愫和纯美的心灵,构成了与明丽山川和谐相映的优

掩映于山林间的民居村落

美的生存图景。

　　这样的优美生存图景，一如门巴族的诗歌《流浪歌》中所唱：

　　　　流浪汉啊，我舍不得离开米酒的馨香，终于回到了可爱的家乡，再也不想离开门隅木板房，舍不得放下啊酒杯，我再也不做他乡的游郎……

（范霄鹏）

附录：中国历史年代简表

旧石器时代	约170万年前—1万年前
新石器时代	约1万年前—4000年前
夏	公元前2070年—公元前1600年
商	公元前1600年—公元前1046年
西周	公元前1046年—公元前771年
春秋	公元前770年—公元前476年
战国	公元前475年—公元前221年
秦	公元前221年—公元前206年
西汉	公元前206年—公元25年
东汉	公元25年—公元220年
三国	公元220年—公元280年
西晋	公元265年—公元317年
东晋	公元317年—公元420年
南北朝	公元420年—公元589年
隋	公元581年—公元618年
唐	公元618年—公元907年
五代	公元907年—公元960年
北宋	公元960年—公元1127年
南宋	公元1127年—公元1279年
元	公元1206年—公元1368年
明	公元1368年—公元1644年
清	公元1616年—公元1911年
中华民国	公元1912年—公元1949年
中华人民共和国	公元1949年成立